1	2	3	4	5	6	7	8	9	10
일, 하나	이, 둘	삼, 셋	사, 넷	오, 다섯	육, 여섯	칠, 일곱	팔, 여덟	구, 아홉	십, 열
11	12	13	14	15	16	17	18	19	20
십일, 열하나	십이, 열둘	십삼, 열셋	십사, 열넷	십오, 열다섯	십육, 열여섯	십칠, 열일곱	십팔, 열여덟	십구, 열아홉	이십, 스물
21	22	23	24	25	26	27	28	29	30
이십일. 스물하나	이십이, 스물둘	이십삼, 스물셋	이십사, 스물넷	이십오, 스물다섯	이십육, 스물여섯	이십칠, 스물일곱	이십팔, 스물여덟	이십구, 스물아홉	삼십, 서른
31	32	33	34	35	36	37	38	39	40
삼십일, 서른하나	삼십이, 서른둘	삼십삼, 서른셋	삼십사, 서른넷	삼십오, 서른다섯	삼십육, 서른여섯	삼십칠, 서른일곱	삼십팔, 서른여덟	삼십구, 서른아홉	사십, 마흔
41	42	43	44	45	46	47	48	49	50
사십일, 마흔하나	사십이, 마흔둘	사십삼, 마흔셋	사십사, 마흔넷	사십오, 마흔다섯	사십육, 마흔여섯	사십칠, 마흔일곱	사십팔, 마흔여덟	사십구, 마흔아홉	오십, 쉰
51	52	53	54	55	56	57	58	59	60
오십일, 쉰하나	오십이, 쉰둘	오십삼, 쉰셋	오십사, 쉰넷	오십오, 쉰다섯	오십육, 쉰여섯	오십칠, 쉰일곱	오십팔, 쉰여덟	오십구, 쉰아홉	육십, 예순
61	62	63	64	65	66	67	68	69	70
육십일, 예순하나	육십이, 예순둘	육십삼, 예순셋	육십사, 예순넷	육십오, 예순다섯	육십육, 예순여섯	육십칠, 예순일곱	육십팔, 예순여덟	육십구, 예순아홉	칠십, 일흔
71	72	73	74	75	76	77	78	79	80
칠십일, 일흔하나	칠십이, 일흔둘	칠십삼, 일흔셋	칠십사, 일흔넷	칠십오, 일흔다섯	칠십육, 일흔여섯	칠십칠, 일흔일곱	칠십팔, 일흔여덟	칠십구, 일흔아홉	팔십, 여든
81	82	83	84	85	86	87	88	89	90
팔십일, 여든하나	팔십이, 여든둘	팔십삼, 여든셋	팔십사, 여든넷	팔십오, 여든다섯	팔십육, 여든여섯	팔십칠, 여든일곱	팔십팔, 여든여덟	팔십구, 여든아홉	구십, 아흔
91	92	93	94	95	96	97	98	99	100
구십일, 아흔하나	구십이, 아흔둘	구십삼, 아흔셋	구십사, 아흔넷	구십오, 아흔다섯	구십육, 아흔여섯	구십칠, 아흔일곱	구십팔, 아흔여덟	구십구, 아흔아홉	백

읽으면 아는 연산

11이 되는 수

5 + 6 = ☐

4 + 7 = ☐

3 + 8 = ☐

2 + 9 = ☐

12가 되는 수

6 + 6 = ☐

5 + 7 = ☐

4 + 8 = ☐

3 + 9 = ☐

13이 되는 수

6 + 7 = ☐

5 + 8 = ☐

4 + 9 = ☐

14가 되는 수

7 + 7 = ☐

6 + 8 = ☐

5 + 9 = ☐

15가 되는 수

7 + 8 = ☐

6 + 9 = ☐

16이 되는 수

8 + 8 = ☐

7 + 9 = ☐

17이 되는 수

8 + 9 = ☐

18이 되는 수

9 + 9 = ☐

MATH COOKIE

010-8952-9588

유치 · 초등 1학년 대상의
사고력 연산 **매쓰쿠키**

1 어려운 연산은 NO

지루하고 반복되는 연산 학습은 그만~
이제 읽고 노래 부르며 익히는 덧셈의 수 패턴으로
기억하기 쉽고 재미있게 연산에 자신감을 심어줍니다.

2 덧셈과 뺄셈을 동시에

작은 수와 큰 수를 ●, ◆, ♥ 로 구별하여
덧셈과 뺄셈을 동시에 익히는 정확하고 바른 연산입니다.

3 교과와 연계된 다양한 유형의 문제

개정된 교과 과정에 맞추어 연산의 기본 유형 외에
여러가지 다양한 유형의 문제를 익힐 수 있습니다.

4 초등 방정식 익히기

덧셈과 뺄셈의 연관성을 이해하고 활용하여 식을 변형시키는 초등 방정식을 쉽게 익힙니다.

5 유튜브 동영상 활용

큐알코드를 통한 유튜브 동영상으로 수 패턴을 재밌게 익힐 수 있습니다.

6 별첨 자료의 활용

수 익힘판, 수 카드 등으로 수 패턴을 익히고, 교육기관의 홍보 자료로도 활용이 가능합니다.

읽으면 아는 연산

1 큰 수

0 + 1 = 1
1 + 1 = 2
2 + 1 = 3
3 + 1 = 4
4 + 1 = 5
5 + 1 = 6
6 + 1 = 7
7 + 1 = 8
8 + 1 = 9
9 + 1 = 10

5가 되는 수

1 + 4 = 5
2 + 3 = 5
3 + 2 = 5
4 + 1 = 5

5 더하기

5 + 1 = 6
5 + 2 = 7
5 + 3 = 8
5 + 4 = 9

10이 되는 수

1 + 9 = 10
2 + 8 = 10
3 + 7 = 10
4 + 6 = 10
5 + 5 = 10
6 + 4 = 10
7 + 3 = 10
8 + 2 = 10
9 + 1 = 10
10 + 0 = 10

같은 수 더하기

1 + 1 = 2
2 + 2 = 4
3 + 3 = 6
4 + 4 = 8
5 + 5 = 10

2 더하기

2 + 4 = 6   4 + 2 = 6
2 + 5 = 7   5 + 2 = 7
2 + 6 = 8   6 + 2 = 8
2 + 7 = 9   7 + 2 = 9

3 더하기

3 + 4 = 7   4 + 3 = 7
3 + 5 = 8   5 + 3 = 8
3 + 6 = 9   6 + 3 = 9

010-8952-9588

MATH COOKIE

읽으면 아는 연산

2 더하기

2 + 2 = 4
2 + 3 = 5
2 + 4 = 6
2 + 5 = 7
2 + 6 = 8
2 + 7 = 9
2 + 8 = 10

3 더하기

3 + 2 = 5
3 + 3 = 6
3 + 4 = 7
3 + 5 = 8
3 + 6 = 9
3 + 7 = 10

4 더하기

4 + 1 = 5
4 + 2 = 6
4 + 3 = 7
4 + 4 = 8
4 + 5 = 9
4 + 6 = 10

5 더하기

5 + 1 = 6
5 + 2 = 7
5 + 3 = 8
5 + 4 = 9
5 + 5 = 10

6 더하기

6 + 2 = 8
6 + 3 = 9
6 + 4 = 10

7 더하기

7 + 2 = 9
7 + 3 = 10

8 더하기

8 + 2 = 10

9 더하기

9 + 1 = 10

MATH
COOKIE

010-8952-9588

수학도 쿠키처럼 맛있게

첫 연산은 빠르게

첫 연산은 기억하기 쉽게

첫 연산은 노래하며 재미있게

다양한 맛으로 아이들을 사로잡는 매쓰쿠키

초등 수학
1학년 2학기

고양이 얼굴을
표현해보라냥~

목 차

 1단계   1~100 까지의 수

 2단계   세 수의 덧셈과 뺄셈

 3단계   (두 자리 수) + (한 자리 수)

         3-1단계   (두 자리 수) – (한 자리 수)

 4단계   받아올림이 있는 (몇) + (몇) 가로셈

         4-1단계   세로셈

         4-2단계   종합

 5단계   받아내림이 있는 (십 몇) – (몇) 가로셈

         5-1단계   받아내림이 있는 (십 몇) - (몇) 교과과정

         5-2단계   세로셈

목차

 6단계 받아올림이 있는 (몇 십) + (몇) 가로셈

6-1단계 세로셈

 7단계 받아내림이 있는 (몇 십) - (몇) 가로셈

7-1단계 세로셈

8단계 (두 자리 수) + (두 자리 수)

8-1단계 (두 자리 수) - (두 자리 수)

9단계 (두 자리 수) + (두 자리 수) 교과 과정

9-1단계 (두 자리 수) - (두 자리 수) 교과 과정

10단계 수의 응용

1단계
1 ~ 100 까지의 수

수 쓰기

1	2	3	4	5	6	7	8	9	10
11	12	13	14	15	16	17	18	19	20
21	22	23	24	25	26	27	28	29	30
31	32	33	34	35	36	37	38	39	40
41	42	43	44	45	46	47	48	49	50
51	52	53	54	55	56	57	58	59	60
61	62	63	64	65	66	67	68	69	70
71	72	73	74	75	76	77	78	79	80
81	82	83	84	85	86	87	88	89	90
91	92	93	94	95	96	97	98	99	100

1~100까지 수 쓰기

1~100까지 수 쓰기

수 읽기

10 (십 , 열) 10 (,   )

20 (이십 , 스물) 20 (,   )

30 (삼십 , 서른) 30 (,   )

40 (사십 , 마흔) 40 (,   )

50 (오십 , 쉰) 50 (,   )

60 (육십 , 예순) 60 (,   )

70 (칠십 , 일흔) 70 (,   )

80 (팔십 , 여든) 80 (,   )

90 (구십 , 아흔) 90 (,   )

100 (백) 100 (   )

10 (,   )   50 (,   )

20 (,   )   70 (,   )

30 (,   )   40 (,   )

40 (,   )   80 (,   )

50 (,   )   10 (,   )

60 (,   )   30 (,   )

70 (,   )   90 (,   )

80 (,   )   20 (,   )

90 (,   )   60 (,   )

100 (   )   100 (   )

수 읽기

15 (　십오 , 열다섯 　) 13 (　　　　, 　　　)

26 (이십육 , 스물여섯) 27 (　　　　, 　　　)

34 (삼십사 , 서른넷 　) 39 (　　　　, 　　　)

48 (사십팔 , 마흔여덟) 46 (　　　　, 　　　)

52 (오십이 , 쉰둘 　) 51 (　　　　, 　　　)

69 (육십구 , 예순아홉) 62 (　　　　, 　　　)

71 (칠십일 , 일흔하나) 75 (　　　　, 　　　)

87 (팔십칠 , 여든일곱) 84 (　　　　, 　　　)

93 (구십삼 , 아흔셋 　) 98 (　　　　, 　　　)

17 (,   )　64 (,   )

28 (,   )　23 (,   )

36 (,   )　11 (,   )

45 (,   )　85 (,   )

53 (,   )　49 (,   )

61 (,   )　92 (,   )

79 (,   )　37 (,   )

82 (,   )　58 (,   )

94 (,   )　76 (,   )

 **□ 안에 알맞은 수를 쓰시오.**

12 는　10 개씩 묶음 □ 개와　낱개가 □ 인 수

35 는　10 개씩 묶음 □ 개와　낱개가 □ 인 수

46 은　10 개씩 묶음 □ 개와　낱개가 □ 인 수

59 는　10 개씩 묶음 □ 개와　낱개가 □ 인 수

27 은　10 개씩 묶음 □ 개와　낱개가 □ 인 수

35 는　10 개씩 묶음 □ 개와　낱개가 □ 인 수

46 은　10 개씩 묶음 □ 개와　낱개가 □ 인 수

59 는　10 개씩 묶음 □ 개와　낱개가 □ 인 수

64 는　10 개씩 묶음 □ 개와　낱개가 □ 인 수

73 은　10 개씩 묶음 □ 개와　낱개가 □ 인 수

81 은　10 개씩 묶음 □ 개와　낱개가 □ 인 수

98 은　10 개씩 묶음 □ 개와　낱개가 □ 인 수

16 = 10 + □

65 = 60 + □

24 = 20 + □

42 = 40 + □

39 = 30 + □

87 = 80 + □

41 = □ + 1

29 = □ + 9

58 = □ + 8

31 = □ + 1

63 = □ + 3

94 = □ + 4

□ = 70 + 5

□ = 50 + 3

□ = 80 + 2

□ = 10 + 6

□ = 90 + 7

□ = 70 + 8

수 읽기

	1 작은 수	1 큰 수		1 작은 수	1 큰 수
(	) - 35 - (	)	(	) - 62 - (	)
(	) - 72 - (	)	(	) - 17 - (	)
(	) - 26 - (	)	(	) - 49 - (	)
(	) - 99 - (	)	(	) - 50 - (	)
(	) - 61 - (	)	(	) - 84 - (	)
(	) - 14 - (	)	(	) - 31 - (	)
(	) - 80 - (	)	(	) - 95 - (	)
(	) - 47 - (	)	(	) - 28 - (	)
(	) - 53 - (	)	(	) - 73 - (	)
(	) - 28 - (	)	(	) - 56 - (	)

2단계
세 수의 덧셈과 뺄셈

세 수의 덧셈	세 수의 뺄셈

⑺ + ⑶ + 9 = ☐
10

⑹ + ⑷ + 8 = ☐
10

⑸ + 3 + ⑸ = ☐
10

8 + 3 + 2 = ☐

1 + 9 + 2 = ☐

9 + 2 + 8 = ☐

13 − 3 − 6 = ☐

17 − 7 − 4 = ☐

18 − 8 − 3 = ☐

15 − 5 − 2 = ☐

19 − 9 − 6 = ☐

12 − 2 − 8 = ☐

세 수의 덧셈	세 수의 뺄셈

$(3 + 7) + 4 = \boxed{}$
10

$19 - 9 - 3 = \boxed{}$

$6 + (8 + 2) = \boxed{}$
10

$18 - 8 - 4 = \boxed{}$

$1 + (5 + 5) = \boxed{}$
10

$16 - 6 - 9 = \boxed{}$

$8 + 2 + 7 = \boxed{}$

$17 - 7 - 2 = \boxed{}$

$1 + 6 + 9 = \boxed{}$

$15 - 5 - 8 = \boxed{}$

$7 + 4 + 3 = \boxed{}$

$13 - 3 - 7 = \boxed{}$

세 수의 덧셈	세 수의 뺄셈

⑤ + 7 + ⑤ = ☐
└─ 10 ─┘

12 - 2 - 8 = ☐

(6 + 4) + 2 = ☐
   └ 10 ┘

16 - 6 - 4 = ☐

① + 8 + ⑨ = ☐
└─── 10 ───┘

13 - 3 - 7 = ☐

3 + 2 + 8 = ☐

15 - 5 - 6 = ☐

10 + 6 - 0 = ☐

19 - 9 - 2 = ☐

3 + 7 + 6 = ☐

14 - 4 - 3 = ☐

3단계
(두 자리 수) + (한 자리 수)

$$2\,5 + 3 = 2\,8$$

5 + 3 = 8

(두 자리 수) + (한 자리 수)

십 일   일   십 일   일

5 0 + 8 = __○   2 3 + 3 = __○

7 0 + 4 = __○   3 4 + 5 = __○

3 0 + 2 = __○   1 2 + 7 = __○

8 0 + 5 = __○   5 1 + 4 = __○

1 0 + 3 = __○   7 2 + 6 = __○

6 0 + 1 = __○   4 3 + 4 = __○

9 0 + 9 = __○   6 5 + 2 = __○

4 0 + 6 = __○   8 7 + 2 = __○

2 0 + 7 = __○   9 6 + 3 = __○

3 0 + 4 = __○   5 8 + 1 = __○

(두 자리 수) + (한 자리 수)

십 일   일   십 일   일

4 ③ + ⑥ = __◯   2 5 + 3 = __◯

5 ① + ⑦ = __◯   4 6 + 2 = __◯

2 ④ + ⑤ = __◯   8 3 + 4 = __◯

9 ② + ③ = __◯   1 0 + 7 = __◯

1 ⑥ + ② = __◯   9 1 + 5 = __◯

6 ⓪ + ④ = __◯   7 2 + 6 = __◯

7 ⑤ + ② = __◯   5 0 + 9 = __◯

8 ③ + ⑤ = __◯   6 4 + 4 = __◯

3 ⑥ + ① = __◯   3 7 + 2 = __◯

5 ⑦ + ② = __◯   5 8 + 1 = __◯

(두 자리 수) + (한 자리 수)

```
  2 7        4 5        6 1        3 2
+   2      +   3      +   7      +   2
 _____     _____     _____     _____
[      ]    [      ]    [      ]    [      ]


  7 5        8 1        5 2        4 6
+   4      +   2      +   3      +   3
 _____     _____     _____     _____
[      ]    [      ]    [      ]    [      ]


  3 4        5 3        7 2        2 1
+   4      +   1      +   5      +   1
 _____     _____     _____     _____
[      ]    [      ]    [      ]    [      ]


  4 3        2 1        6 3        9 4
+   2      +   8      +   4      +   2
 _____     _____     _____     _____
[      ]    [      ]    [      ]    [      ]


  1 2        8 3        9 4        6 5
+   6      +   3      +   1      +   4
 _____     _____     _____     _____
[      ]    [      ]    [      ]    [      ]
```

$$4\,⑤\,-\,③\,=\,4\,②$$

5 - 3 = 2

(두 자리 수) - (한 자리 수)

십일   일   십일   일

<u>5</u>⑨ - ⑥ = __○   <u>2</u>③ - ③ = __○

<u>7</u>⑧ - ④ = __○   <u>3</u>⑤ - ④ = __○

<u>3</u>⑦ - ② = __○   <u>1</u>⑦ - ② = __○

<u>8</u>⑥ - ⑤ = __○   <u>5</u>④ - ① = __○

<u>1</u>⑤ - ③ = __○   <u>7</u>⑥ - ③ = __○

<u>6</u>⑧ - ① = __○   <u>4</u>⑨ - ⑥ = __○

<u>9</u>⑨ - ⑥ = __○   <u>6</u>⑤ - ② = __○

<u>4</u>⑦ - ⑤ = __○   <u>8</u>⑦ - ⑤ = __○

<u>2</u>⑧ - ⑦ = __○   <u>9</u>⑥ - ③ = __○

28

(두 자리 수) - (한 자리 수)

십 일	일		십 일	일

6⑤ - ④ = _○   2 8 - 6 = _○

3③ - ② = _○   9 5 - 2 = _○

7② - ① = _○   3 7 - 5 = _○

1⑧ - ⑤ = _○   8 2 - 2 = _○

4⑦ - ③ = _○   5 9 - 4 = _○

9① - ① = _○   1 6 - 1 = _○

8④ - ② = _○   4 8 - 3 = _○

2⑨ - ⑥ = _○   7 4 - 2 = _○

5⑥ - ④ = _○   6 5 - 3 = _○

(두 자리 수) - (한 자리 수)

7 4	8 6	6 9	3 8
- 2	- 5	- 4	- 3

2 8	9 7	1 4	7 9
- 6	- 3	- 2	- 5

5 4	1 8	7 9	4 5
- 3	- 2	- 6	- 4

3 9	7 5	8 3	9 5
- 6	- 1	- 2	- 2

4 8	5 6	2 4	6 7
- 5	- 2	- 3	- 3

```
   9 2        4 3        6 8        3 4
 +   7      +   6      -   5      -   4
 ┌─────┐    ┌─────┐    ┌─────┐    ┌─────┐
 └─────┘    └─────┘    └─────┘    └─────┘


   5 2        6 4        2 9        8 7
 +   1      +   1      -   3      -   1
 ┌─────┐    ┌─────┐    ┌─────┐    ┌─────┐
 └─────┘    └─────┘    └─────┘    └─────┘


   1 6        7 3        4 7        3 9
 +   2      +   4      -   2      -   6
 ┌─────┐    ┌─────┐    ┌─────┐    ┌─────┐
 └─────┘    └─────┘    └─────┘    └─────┘


   2 3        9 8        1 6        5 5
 +   5      +   1      -   3      -   3
 ┌─────┐    ┌─────┐    ┌─────┐    ┌─────┐
 └─────┘    └─────┘    └─────┘    └─────┘


   4 2        2 1        9 5        7 6
 +   3      +   5      -   1      -   2
 ┌─────┐    ┌─────┐    ┌─────┐    ┌─────┐
 └─────┘    └─────┘    └─────┘    └─────┘
```

```
    5 4        6 5        2 9        7 8
  +   3      +   2      -   7      -   1
  ┌─────┐    ┌─────┐    ┌─────┐    ┌─────┐
  └─────┘    └─────┘    └─────┘    └─────┘

    3 0        2 6        6 5        4 3
  +   5      +   3      -   2      -   3
  ┌─────┐    ┌─────┐    ┌─────┐    ┌─────┐
  └─────┘    └─────┘    └─────┘    └─────┘

    7 4        4 5        3 8        5 7
  +   3      +   4      -   6      -   5
  ┌─────┐    ┌─────┐    ┌─────┐    ┌─────┐
  └─────┘    └─────┘    └─────┘    └─────┘

    9 3        1 5        1 6        8 9
  +   6      +   3      -   4      -   6
  ┌─────┐    ┌─────┐    ┌─────┐    ┌─────┐
  └─────┘    └─────┘    └─────┘    └─────┘

    8 0        2 4        9 4        7 8
  +   7      +   4      -   3      -   6
  ┌─────┐    ┌─────┐    ┌─────┐    ┌─────┐
  └─────┘    └─────┘    └─────┘    └─────┘
```

4단계
받아올림이 있는 (몇) + (몇) 가로셈

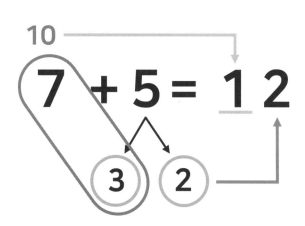

$$7 + 5 = 12$$

읽으면 아는 연산

11이 되는 수

5 + 6 = ☐
4 + 7 = ☐
3 + 8 = ☐
2 + 9 = ☐

12가 되는 수

6 + 6 = ☐
5 + 7 = ☐
4 + 8 = ☐
3 + 9 = ☐

13이 되는 수

6 + 7 = ☐
5 + 8 = ☐
4 + 9 = ☐

14가 되는 수

7 + 7 = ☐
6 + 8 = ☐
5 + 9 = ☐

15가 되는 수

7 + 8 = ☐
6 + 9 = ☐

16이 되는 수

8 + 8 = ☐
7 + 9 = ☐

17이 되는 수

8 + 9 = ☐

18이 되는 수

9 + 9 = ☐

10 만들어 받아올림

11이 되는 수	12가 되는 수

5 + 6 = ☐

6 + 6 = ☐

4 + 7 = ☐

5 + 7 = ☐

3 + 8 = ☐

4 + 8 = ☐

2 + 9 = ☐

3 + 9 = ☐

5 + 6 = ☐

6 + 6 = ☐

4 + 7 = ☐

5 + 7 = ☐

3 + 8 = ☐

4 + 8 = ☐

2 + 9 = ☐

3 + 9 = ☐

10 만들어 받아올림

13이 되는 수	14가 되는 수

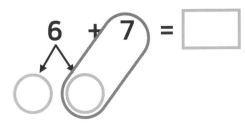

$6 + 7 =$ ☐

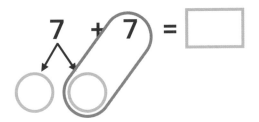

$7 + 7 =$ ☐

$5 + 8 =$ ☐

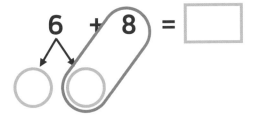

$6 + 8 =$ ☐

$4 + 9 =$ ☐

$5 + 9 =$ ☐

$6 + 7 =$ ☐ $7 + 7 =$ ☐

$5 + 8 =$ ☐ $6 + 8 =$ ☐

$4 + 9 =$ ☐ $5 + 9 =$ ☐

10 만들어 받아올림

7 + 8 = ☐

6 + 9 = ☐

8 + 8 = ☐

7 + 9 = ☐

7 + 8 = ☐
6 + 9 = ☐

8 + 8 = ☐
7 + 9 = ☐

17이 되는 수	18이 되는 수

8 + 9 = ☐

9 + 9 = ☐

8 + 9 = ☐

9 + 9 = ☐

6 + 6 = ☐   6 + 6 = ☐

8 + 8 = ☐   8 + 8 = ☐

5 + 8 = ☐   5 + 8 = ☐

2 + 9 = ☐   2 + 9 = ☐

6 + 5 = ☐   6 + 5 = ☐

7 + 4 = ☐   7 + 4 = ☐

5 + 8 = ☐   5 + 8 = ☐

9 + 6 = ☐   9 + 6 = ☐

8 + 3 = ☐   8 + 3 = ☐

4 + 8 = ☐   4 + 8 = ☐

8 + 5 = ☐   8 + 5 = ☐

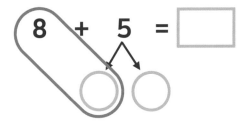   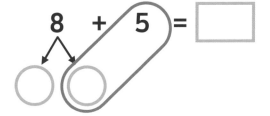

7 + 6 = ☐   7 + 6 = ☐

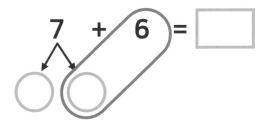

4 + 7 = ☐   4 + 7 = ☐

5 + 9 = ☐   5 + 9 = ☐

6 + 8 = ☐   6 + 8 = ☐

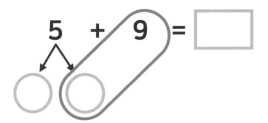

9 + 8 = ▢   9 + 8 = ▢

5 + 6 = ▢   5 + 6 = ▢

8 + 4 = ▢   8 + 4 = ▢

3 + 8 = ▢   3 + 8 = ▢

8 + 6 = ▢   8 + 6 = ▢

3 + 8 =   1 + 1 =

5 + 9 =   2 + 2 =

7 + 6 =   3 + 3 =

4 + 7 =   4 + 4 =

8 + 5 =   5 + 5 =

6 + 7 =   6 + 6 =

9 + 4 =   7 + 7 =

4 + 8 =   8 + 8 =

5 + 6 =   9 + 9 =

2 + 9 =   10 + 10 =

2 + 9 = ☐   6 + 6 = ☐

9 + 3 = ☐   7 + 7 = ☐

3 + 8 = ☐   8 + 8 = ☐

7 + 4 = ☐   9 + 9 = ☐

4 + 8 = ☐   6 + 5 = ☐

9 + 4 = ☐   7 + 6 = ☐

5 + 6 = ☐   8 + 7 = ☐

7 + 5 = ☐   7 + 9 = ☐

5 + 8 = ☐   9 + 8 = ☐

9 + 5 = ☐   3 + 9 = ☐

4-1단계
받아올림이 있는
(몇) + (몇) 세로셈

8
+ 4
□

2
+ 9
□

5
+ 8
□

7
+ 6
□

5
+ 7
□

3
+ 9
□

6
+ 5
□

8
+ 8
□

6
+ 4
□

9
+ 3
□

4
+ 9
□

5
+ 6
□

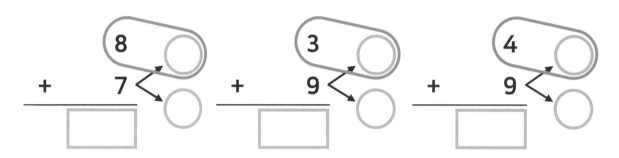

$+ \quad 8 \atop 7$

$+ \quad 3 \atop 9$

$+ \quad 4 \atop 9$

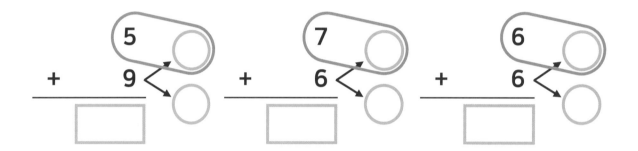

$+ \quad 5 \atop 9$

$+ \quad 7 \atop 6$

$+ \quad 6 \atop 6$

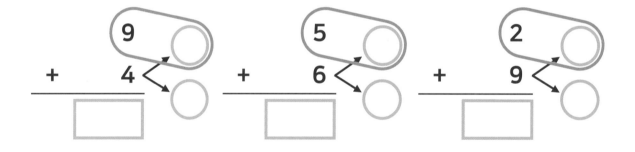

$+ \quad 9 \atop 4$

$+ \quad 5 \atop 6$

$+ \quad 2 \atop 9$

$+ \quad 8 \atop 4$

$+ \quad 6 \atop 8$

$+ \quad 3 \atop 8$

```
    3          8          7          4
+   9      +   5      +   9      +   7
┌─────┐    ┌─────┐    ┌─────┐    ┌─────┐
└─────┘    └─────┘    └─────┘    └─────┘

    6          8          4          8
+   8      +   7      +   9      +   8
┌─────┐    ┌─────┐    ┌─────┐    ┌─────┐
└─────┘    └─────┘    └─────┘    └─────┘

    8          3          6          7
+   4      +   8      +   9      +   6
┌─────┐    ┌─────┐    ┌─────┐    ┌─────┐
└─────┘    └─────┘    └─────┘    └─────┘

    9          6          9          8
+   9      +   9      +   4      +   9
┌─────┐    ┌─────┐    ┌─────┐    ┌─────┐
└─────┘    └─────┘    └─────┘    └─────┘

    9          6          4          2
+   7      +   5      +   8      +   9
┌─────┐    ┌─────┐    ┌─────┐    ┌─────┐
└─────┘    └─────┘    └─────┘    └─────┘
```

```
    8          5          6          9
+   6      +   9      +   6      +   9
┌─────┐    ┌─────┐    ┌─────┐    ┌─────┐
└─────┘    └─────┘    └─────┘    └─────┘

    4          3          7          7
+   9      +   8      +   7      +   9
┌─────┐    ┌─────┐    ┌─────┐    ┌─────┐
└─────┘    └─────┘    └─────┘    └─────┘

    7          4          8          5
+   6      +   7      +   6      +   7
┌─────┐    ┌─────┐    ┌─────┐    ┌─────┐
└─────┘    └─────┘    └─────┘    └─────┘

    5          7          9          8
+   6      +   8      +   6      +   9
┌─────┐    ┌─────┐    ┌─────┐    ┌─────┐
└─────┘    └─────┘    └─────┘    └─────┘

    8          5          4          9
+   4      +   8      +   9      +   3
┌─────┐    ┌─────┐    ┌─────┐    ┌─────┐
└─────┘    └─────┘    └─────┘    └─────┘
```

4-2단계
받아올림이 있는
(몇) + (몇) 종합

10 만들어 받아올림

11 만들기	12 만들기
5 + 6 = ☐	6 + 6 = ☐
4 + 7 = ☐	5 + 7 = ☐
3 + 8 = ☐	4 + 8 = ☐
2 + 9 = ☐	3 + 9 = ☐

13 만들기	14 만들기
6 + 7 = ☐	7 + 7 = ☐
5 + 8 = ☐	6 + 8 = ☐
4 + 9 = ☐	5 + 9 = ☐

15 만들기	16 만들기
7 + 8 = ☐	8 + 8 = ☐
6 + 9 = ☐	7 + 9 = ☐

17 만들기	18 만들기
8 + 9 = ☐	9 + 9 = ☐

19 만들기
9 + 10 = ☐

10 만들어 받아올림

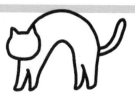

6 더하기

6 + 6 = ☐

6 + 5 = ☐

7 더하기

7 + 7 = ☐

7 + 6 = ☐

7 + 5 = ☐

7 + 4 = ☐

8 더하기

8 + 8 = ☐

8 + 7 = ☐

8 + 6 = ☐

8 + 5 = ☐

8 + 4 = ☐

8 + 3 = ☐

9 더하기

9 + 9 = ☐

9 + 8 = ☐

9 + 7 = ☐

9 + 6 = ☐

9 + 5 = ☐

9 + 4 = ☐

9 + 3 = ☐

9 + 2 = ☐

같은 수 더하기

6 + 6 = ☐

7 + 7 = ☐

8 + 8 = ☐

9 + 9 = ☐

같은 수 더하기

1 + 1 = ☐

2 + 2 = ☐

3 + 3 = ☐

4 + 4 = ☐

5 + 5 = ☐

6 + 6 = ☐

7 + 7 = ☐

8 + 8 = ☐

9 + 9 = ☐

10 + 10 = ☐

$$\begin{array}{r} 5 \\ + \quad 6 \\ \hline \square \end{array}$$

$$\begin{array}{r} 3 \\ + \quad 9 \\ \hline \square \end{array}$$

$$\begin{array}{r} 8 \\ + \quad 9 \\ \hline \square \end{array}$$

$$\begin{array}{r} 4 \\ + \quad 8 \\ \hline \square \end{array}$$

$$\begin{array}{r} 6 \\ + \quad 6 \\ \hline \square \end{array}$$

$$\begin{array}{r} 7 \\ + \quad 7 \\ \hline \square \end{array}$$

$$\begin{array}{r} 9 \\ + \quad 6 \\ \hline \square \end{array}$$

$$\begin{array}{r} 8 \\ + \quad 8 \\ \hline \square \end{array}$$

$$\begin{array}{r} 8 \\ + \quad 3 \\ \hline \square \end{array}$$

$$\begin{array}{r} 4 \\ + \quad 9 \\ \hline \square \end{array}$$

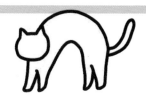

2 + 9 = ☐

9
+ 3
☐

8
+ 4
☐

6 + 8 = ☐

5 + 7 = ☐

9
+ 8
☐

8
+ 8
☐

3 + 9 = ☐

6 + 6 = ☐

9
+ 9
☐

4
+ 7
☐

7 + 4 = ☐

6 + 5 = ☐

7
+ 8
☐

9
+ 6
☐

5 + 9 = ☐

7 + 6 = ☐

8
+ 5
☐

4
+ 9
☐

4 + 9 = ☐

53

4 + 8 = ☐

6 + 9 = ☐

5 + 7 = ☐

3 + 9 = ☐

6 + 8 = ☐

4 + 7 = ☐

7 + 5 = ☐

5 + 9 = ☐

6 + 7 = ☐

4 + 9 = ☐

$$\begin{array}{r} 5 \\ +\ 6 \\ \hline \square \end{array}$$

$$\begin{array}{r} 7 \\ +\ 8 \\ \hline \square \end{array}$$

$$\begin{array}{r} 5 \\ +\ 9 \\ \hline \square \end{array}$$

$$\begin{array}{r} 8 \\ +\ 3 \\ \hline \square \end{array}$$

$$\begin{array}{r} 9 \\ +\ 9 \\ \hline \square \end{array}$$

$$\begin{array}{r} 8 \\ +\ 8 \\ \hline \square \end{array}$$

$$\begin{array}{r} 8 \\ +\ 7 \\ \hline \square \end{array}$$

$$\begin{array}{r} 6 \\ +\ 8 \\ \hline \square \end{array}$$

$$\begin{array}{r} 7 \\ +\ 5 \\ \hline \square \end{array}$$

$$\begin{array}{r} 9 \\ +\ 7 \\ \hline \square \end{array}$$

5단계
받아내림이 있는
(십 몇) − (몇) 가로셈

0	10

$$1\;5\; -\; 7\; =\; 8$$

3 ← 10 - 7

5 + 3 = 8

몇십 몇

11 - 2 = ☐

11 - 4 = ☐

11 - 6 = ☐

11 - 8 = ☐

13 - 4 = ☐

13 - 7 = ☐

13 - 5 = ☐

13 - 9 = ☐

12 - 3 = ☐

12 - 5 = ☐

12 - 7 = ☐

12 - 9 = ☐

14 - 5 = ☐

14 - 8 = ☐

14 - 6 = ☐

14 - 7 = ☐

□□
15 - 6 = □
○

□□
16 - 7 = □
○

□□
15 - 9 = □
○

□□
16 - 9 = □
○

□□
15 - 7 = □
○

□□
16 - 8 = □
○

□□
15 - 8 = □
○

□□
17 - 8 = □
○

□□
18 - 9 = □
○

□□
17 - 9 = □
○

□□
12 - 4 = □
○

□□
13 - 8 = □
○

□□
11 - 3 = □
○

□□
12 - 6 = □
○

□□
13 - 5 = □
○

□□
14 - 7 = □
○

몇십 몇

□□
14 - 6 = □
○

□□
13 - 4 = □
○

□□
12 - 4 = □
○

□□
15 - 6 = □
○

□□
15 - 9 = □
○

□□
12 - 7 = □

□□
11 - 8 = □
○

□□
14 - 5 = □

□□
13 - 6 = □
○

□□
17 - 8 = □
○

□□
18 - 9 = □
○

□□
16 - 7 = □
○

□□
16 - 8 = □

□□
17 - 9 = □

□□
11 - 5 = □
○

□□
12 - 5 = □
○

16 - 9 = ☐

13 - 4 = ☐

12 - 6 = ☐

13 - 5 = ☐

17 - 9 = ☐

11 - 7 = ☐

12 - 3 = ☐

11 - 9 = ☐

12 - 8 = ☐

15 - 7 = ☐

14 - 8 = ☐

13 - 6 = ☐

17 - 9 = ☐

11 - 8 = ☐

14 - 5 = ☐

13 - 8 = ☐

16 - 9 = ☐

12 - 7 = ☐

□□
15 - 9 = ☐
○

□□
12 - 7 = ☐
○

□□
11 - 3 = ☐
○

□□
16 - 8 = ☐
○

□□
12 - 9 = ☐
○

□□
18 - 9 = ☐
○

□□
14 - 8 = ☐
○

□□
13 - 9 = ☐
○

17 - 8 = ☐

11 - 5 = ☐

13 - 9 = ☐

14 - 6 = ☐

15 - 8 = ☐

12 - 7 = ☐

11 - 4 = ☐

13 - 8 = ☐

14 - 5 = ☐

11 - 9 = ☐

13 - 6 = ☐   15 - 9 = ☐

12 - 8 = ☐   11 - 8 = ☐

15 - 6 = ☐   16 - 8 = ☐

11 - 7 = ☐   12 - 5 = ☐

16 - 9 = ☐   13 - 9 = ☐

14 - 8 = ☐   17 - 8 = ☐

17 - 9 = ☐   14 - 7 = ☐

11 - 9 = ☐   12 - 9 = ☐

18 - 9 = ☐   12 - 6 = ☐

13 - 8 = ☐   11 - 9 = ☐

5-1단계
받아내림이 있는
(십 몇) – (몇) 교과 과정

10 ⟶

12 – 5 = 10 – 3 = 7

2   3

12 – 5 = 5 + 2 = 7

10   2

5 — 10 – 5

$12 - 7 = \boxed{} - 5 = \boxed{}$

$12 - 7 = 3 + 2 = \boxed{}$

10

$14 - 6 = 10 - \boxed{} = \boxed{}$

$14 - 6 = \boxed{} + 4 = \boxed{}$

10

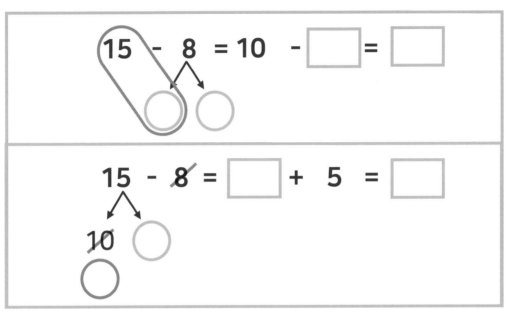

15 - 8 = 10 - ☐ = ☐

15 - 8 = ☐ + 5 = ☐

10

13 - 5 = 10 - ☐ = ☐

13 - 5 = ☐ + 3 = ☐

10

18 – 9 = 10 – ☐ = ☐

18 – 9 = ☐ + 8 = ☐

10

11 – 3 = 10 – ☐ = ☐

11 – 3 = ☐ + 1 = ☐

10

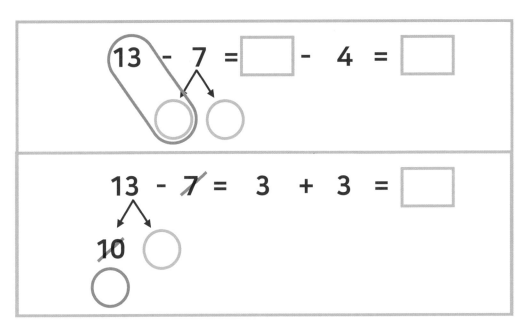

13 - 7 = ☐ - 4 = ☐

13 - 7 = 3 + 3 = ☐

10

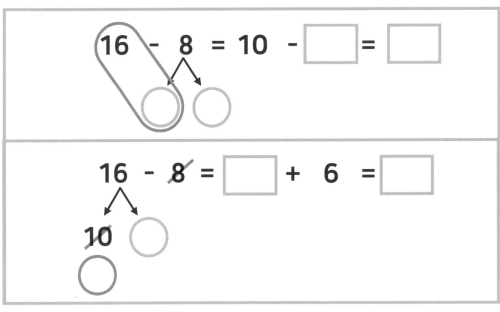

16 - 8 = 10 - ☐ = ☐

16 - 8 = ☐ + 6 = ☐

10

$11 - 7 = 10 - \boxed{} = \boxed{}$

$11 - 7 = \boxed{} + 1 = \boxed{}$

10

$15 - 6 = 10 - \boxed{} = \boxed{}$

$15 - 6 = \boxed{} + 5 = \boxed{}$

10

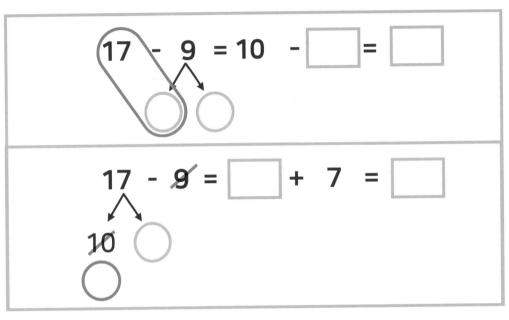

17 − 9 = 10 − ☐ = ☐

17 − 9 = ☐ + 7 = ☐

10

12 − 4 = 10 − ☐ = ☐

12 − 4 = ☐ + 2 = ☐

10

5-2단계
받아내림이 있는
(십 몇) - (몇) 세로셈

받아내림 세로셈

```
  □□                □□                □□
  1 5 ◯             1 2 ◯             1 6 ◯
-   9             -   4             -   8
  ┌──────┐          ┌──────┐          ┌──────┐
  └──────┘          └──────┘          └──────┘
```

```
  □□                □□                □□
  1 8 ◯             1 4 ◯             1 2 ◯
-   9             -   5             -   3
  ┌──────┐          ┌──────┐          ┌──────┐
  └──────┘          └──────┘          └──────┘
```

```
  □□                □□                □□
  1 1 ◯             1 3 ◯             1 5 ◯
-   8             -   6             -   7
  ┌──────┐          ┌──────┐          ┌──────┐
  └──────┘          └──────┘          └──────┘
```

```
  □□                □□                □□
  1 6 ◯             1 1 ◯             1 4 ◯
-   7             -   4             -   8
  ┌──────┐          ┌──────┐          ┌──────┐
  └──────┘          └──────┘          └──────┘
```

```
  □ □            □ □            □ □
  1 2 ◯          1 3 ◯          1 6 ◯
-   4          -   9          -   7
 ─────          ─────          ─────
  □ □            □ □            □ □
  1 1 ◯          1 2 ◯          1 4 ◯
-   6          -   5          -   8
 ─────          ─────          ─────
  □ □            □ □            □ □
  1 5 ◯          1 1 ◯          1 3 ◯
-   8          -   6          -   9
 ─────          ─────          ─────
  □ □            □ □            □ □
  1 3 ◯          1 4 ◯          1 5 ◯
-   7          -   9          -   6
 ─────          ─────          ─────
```

받아내림 세로셈

```
  □ □          □ □          □ □
  1 3 ○        1 1 ○        1 5 ○
-     7      -     8      -     7
─────────    ─────────    ─────────
  □□         □□         □□
```

```
  □ □          □ □          □ □
  1 4 ○        1 2 ○        1 1 ○
-     6      -     5      -     3
─────────    ─────────    ─────────
  □□         □□         □□
```

```
  □ □          □ □          □ □
  1 2 ○        1 4 ○        1 3 ○
-     8      -     7      -     9
─────────    ─────────    ─────────
  □□         □□         □□
```

```
  □ □          □ □          □ □
  1 5 ○        1 6 ○        1 7 ○
-     7      -     9      -     8
─────────    ─────────    ─────────
  □□         □□         □□
```

□□
1 6 ◯
-   8
□

□□
1 4 ◯
-   7
□

□□
1 5 ◯
-   6
□

□□
1 5 ◯
-   7
□

□□
1 4 ◯
-   5
□

□□
1 7 ◯
-   9
□

□□
1 2 ◯
-   8
□

□□
1 3 ◯
-   6
□

□□
1 3 ◯
-   4
□

□□
1 8 ◯
-   9
□

□□
1 1 ◯
-   5
□

□□
1 6 ◯
-   7
□

(두 자리 수) - (한 자리 수)

□ □	□ □	□ □
1 3 ○	1 6 ○	1 5 ○
- 5	- 8	- 9
□	□	□

1 2	1 1	1 5	1 3
- 4	- 5	- 9	- 5
□	□	□	□

1 3	1 4	1 4	1 1
- 8	- 7	- 8	- 4
□	□	□	□

1 6	1 1	1 6	1 8
- 9	- 3	- 7	- 9
□	□	□	□

1 3	1 6	1 2	1 5
- 6	- 8	- 5	- 7
□	□	□	□

	1 2	1 4	1 5	1 3
-	7	8	6	7
	☐	☐	☐	☐

	1 6	1 1	1 5	1 1
-	9	9	7	8
	☐	☐	☐	☐

	1 2	1 5	1 6	1 3
-	4	7	8	9
	☐	☐	☐	☐

	1 1	1 2	1 4	1 3
-	2	6	5	8
	☐	☐	☐	☐

	1 2	1 7	1 3	1 8
-	5	9	6	9
	☐	☐	☐	☐

6단계
받아올림이 있는
(몇 십) – (몇) 가로셈

3 5 + 7 = 42

10   5   2

1

☐ 26 + 7 = ☐
◯ ◯

☐ 73 + 9 = ☐
◯ ◯

☐ 45 + 8 = ☐
◯ ◯

☐ 28 + 3 = ☐
◯ ◯

☐ 69 + 9 = ☐
◯ ◯

☐ 57 + 8 = ☐
◯ ◯

☐ 37 + 5 = ☐
◯ ◯

☐ 46 + 6 = ☐
◯ ◯

☐ 56 + 7 = ☐
◯ ◯

☐ 85 + 8 = ☐
◯ ◯

☐ 88 + 9 = ☐
◯ ◯

☐ 47 + 7 = ☐
◯ ◯

□   25 + 8 = □

□   67 + 5 = □

□   64 + 7 = □

□   48 + 9 = □

□   39 + 9 = □

□   52 + 9 = □

□   46 + 5 = □

□   35 + 8 = □

□   48 + 7 = □

□   76 + 7 = □

□   57 + 8 = □

□   24 + 9 = □

78

☐ 35 + 7 = ☐
◯ ◯

☐ 23 + 8 = ☐
◯ ◯

☐ 24 + 8 = ☐
◯ ◯

☐ 38 + 3 = ☐
◯ ◯

☐ 69 + 9 = ☐
◯ ◯

☐ 72 + 8 = ☐
◯ ◯

☐ 76 + 5 = ☐
◯ ◯

☐ 65 + 6 = ☐
◯ ◯

☐ 48 + 7 = ☐
◯ ◯

☐ 46 + 8 = ☐
◯ ◯

☐ 23 + 9 = ☐
◯ ◯

☐ 14 + 7 = ☐
◯ ◯

69 + 9 = ☐ □

22 + 9 = ☐

55 + 8 = ☐ □

76 + 5 = ☐

28 + 5 = ☐ □

84 + 8 = ☐

38 + 3 = ☐ □

35 + 7 = ☐

79 + 7 = ☐ □

47 + 8 = ☐

54 + 7 = ☐ □

68 + 4 = ☐

55 + 8 = ☐

13 + 9 = ☐

76 + 6 = ☐

☐

5 8 + 7 = ☐

○ ○

74 + 9 = ☐

☐

1 9 + 6 = ☐

○ ○

53 + 8 = ☐

28 + 7 = ☐

☐

3 6 + 7 = ☐

○ ○

45 + 8 = ☐

☐

4 9 + 8 = ☐

○ ○

36 + 9 = ☐

26 + 7 = ☐

☐

6 4 + 8 = ☐

○ ○

87 + 3 = ☐

14 + 8 = ☐

☐

7 2 + 9 = ☐

○ ○

35 + 6 = ☐

84 + 9 = ☐   35 + 6 = ☐

27 + 6 = ☐   49 + 7 = ☐

15 + 8 = ☐   62 + 8 = ☐

46 + 7 = ☐   52 + 9 = ☐

68 + 3 = ☐   14 + 8 = ☐

79 + 4 = ☐   29 + 6 = ☐

35 + 8 = ☐   67 + 7 = ☐

54 + 9 = ☐   88 + 5 = ☐

27 + 5 = ☐   36 + 8 = ☐

6-1단계
받아올림이 있는
(몇 십) - (몇) 세로셈

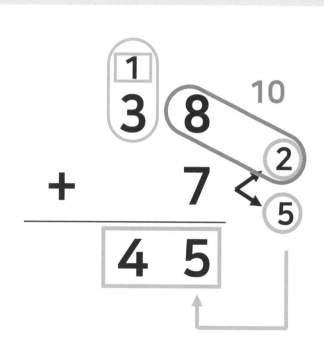

□ 10
3 (7) ○
+ 8 → ○

□ 10
8 (7) ○
+ 9 → ○

□ 10
6 (4) ○
+ 8 → ○

□
7 9 ○
+ 3 → ○

□
4 5 ○
+ 7 → ○

□
2 6 ○
+ 5 → ○

□
5 8 ○
+ 9 → ○

□
1 6 ○
+ 7 → ○

□
4 8 ○
+ 8 → ○

□
2 5 ○
+ 8 → ○

□
7 7 ○
+ 4 → ○

□
6 9 ○
+ 6 → ○

□
```
    5  3
+      8  <
_____
  □
```

□
```
    2  6
+      9  <
_____
  □
```

□
```
    4  7
+      8  <
_____
  □
```

□
```
    2  9
+      5  <
_____
  □
```

□
```
    5  5
+      8  <
_____
  □
```

□
```
    7  6
+      7  <
_____
  □
```

□
```
    8  8
+      6  <
_____
  □
```

□
```
    6  5
+      7  <
_____
  □
```

□
```
    3  8
+      9  <
_____
  □
```

□
```
    4  5
+      5  <
_____
  □
```

□
```
    7  3
+      8  <
_____
  □
```

□
```
    1  9
+      6  <
_____
  □
```

□
5 8
+   8 <
⬚

□
2 8
+   4 <
⬚

□
7 6
+   7 <
⬚

□
6 9
+   2 <
⬚

□
1 9
+   3 <
⬚

□
2 9
+   9 <
⬚

□
3 9
+   5 <
⬚

□
4 2
+   8 <
⬚

□
6 8
+   5 <
⬚

□
2 7
+   6 <
⬚

□
8 7
+   5 <
⬚

□
5 9
+   3 <
⬚

□
7 2
+　　9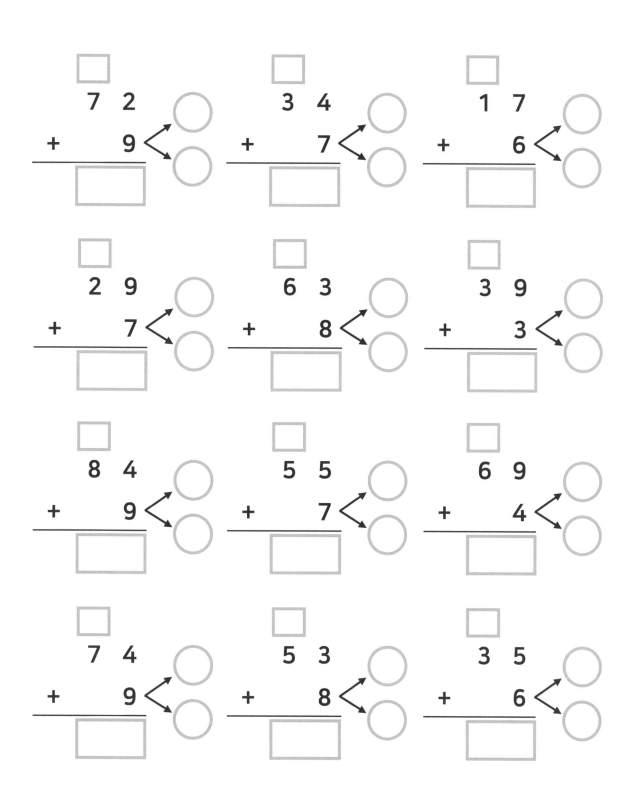
□□□

□
3 4
+　　7
□□□

□
1 7
+　　6
□□□

□
2 9
+　　7
□□□

□
6 3
+　　8
□□□

□
3 9
+　　3
□□□

□
8 4
+　　9
□□□

□
5 5
+　　7
□□□

□
6 9
+　　4
□□□

□
7 4
+　　9
□□□

□
5 3
+　　8
□□□

□
3 5
+　　6
□□□

☐   ☐   ☐   ☐

3　4   4　7   3　6   2　8

+　　9 ⟨○/○ +　　4 +　　7 +　　9

☐   ☐   ☐   ☐

5　6   6　5   1　4   7　9

+　　7 ⟨○/○ +　　9 +　　8 +　　6

☐   ☐   ☐   ☐

7　8   3　8   8　9   5　7

+　　3 ⟨○/○ +　　7 +　　4 +　　7

☐   ☐   ☐   ☐

5　5   8　8   2　6   4　9

+　　6 ⟨○/○ +　　8 +　　8 +　　9

```
   2  8        4  5        6  9        3  4
+     5     +     6     +     8     +     8
───────     ───────     ───────     ───────
[      ]    [      ]    [      ]    [      ]


   3  6        7  9        4  5        5  3
+     9     +     7     +     7     +     8
───────     ───────     ───────     ───────
[      ]    [      ]    [      ]    [      ]


   8  7        4  4        1  6        2  9
+     9     +     9     +     8     +     5
───────     ───────     ───────     ───────
[      ]    [      ]    [      ]    [      ]


   9  4        9  2        9  7        9  1
+     6     +     8     +     3     +     9
───────     ───────     ───────     ───────
[      ]    [      ]    [      ]    [      ]


   9  8        9  5        9  6        9  3
+     2     +     5     +     4     +     7
───────     ───────     ───────     ───────
[      ]    [      ]    [      ]    [      ]
```

22 + 9 = ☐

76 + 5 = ☐

84 + 8 = ☐

35 + 7 = ☐

47 + 8 = ☐

68 + 4 = ☐

55 + 8 = ☐

13 + 9 = ☐

76 + 6 = ☐

49 + 4 = ☐

87 + 6 = ☐

```
   6  9        8  3
+     5     +     7
   ┌────┐      ┌────┐
   └────┘      └────┘
```

```
   5  7        2  4
+     5     +     8
   ┌────┐      ┌────┐
   └────┘      └────┘
```

```
   7  6        5  9
+     4     +     3
   ┌────┐      ┌────┐
   └────┘      └────┘
```

```
   2  8        7  6
+     4     +     6
   ┌────┐      ┌────┐
   └────┘      └────┘
```

```
   4  5        6  2
+     8     +     9
   ┌────┐      ┌────┐
   └────┘      └────┘
```

45 + 9 = ☐

76 + 7 = ☐

28 + 8 = ☐

35 + 9 = ☐

17 + 8 = ☐

52 + 9 = ☐

64 + 8 = ☐

77 + 7 = ☐

48 + 5 = ☐

29 + 3 = ☐

85 + 6 = ☐

```
  7 4          5 3
+   9        +   8
_____       _____
[    ]       [    ]
```

```
  2 8          4 5
+   8        +   8
_____       _____
[    ]       [    ]
```

```
  3 6          2 6
+   9        +   7
_____       _____
[    ]       [    ]
```

```
  8 7          1 4
+   3        +   8
_____       _____
[    ]       [    ]
```

```
  5 8          6 3
+   7        +   9
_____       _____
[    ]       [    ]
```

7단계
받아내림이 있는
(몇 십) – (몇) 가로셈

1 10

2 5 - 7 = 18

3 ← 10 - 7

5 + 3 = 8

□□
20 - 7 = ☐
○

□□
42 - 5 = ☐
○

□□
30 - 4 = ☐
○

□□
38 - 9 = ☐
○

□□
40 - 5 = ☐
○

□□
91 - 4 = ☐
○

□□
50 - 6 = ☐
○

□□
23 - 6 = ☐
○

□□
60 - 1 = ☐
○

□□
66 - 7 = ☐
○

□□
70 - 3 = ☐
○

□□
52 - 8 = ☐
○

□□
80 - 2 = ☐
○

□□
71 - 6 = ☐
○

□□
90 - 4 = ☐
○

□□
83 - 5 = ☐
○

□□
9 0 - 7 = ☐
○

□□
3 2 - 6 = ☐
○

□□
8 0 - 6 = ☐
○

□□
5 8 - 9 = ☐
○

□□
5 0 - 2 = ☐
○

□□
9 1 - 2 = ☐
○

□□
3 0 - 8 = ☐
○

□□
4 2 - 6 = ☐
○

□□
6 0 - 1 = ☐
○

□□
2 6 - 9 = ☐
○

□□
2 0 - 3 = ☐
○

□□
6 2 - 8 = ☐
○

□□
7 0 - 5 = ☐
○

□□
8 1 - 5 = ☐
○

□□
4 0 - 4 = ☐
○

□□
7 3 - 4 = ☐
○

□□
52 - 7 = [ ]
○

41 - 4 = [ ]

□□
63 - 8 = [ ]
○

98 - 9 = [ ]

□□
45 - 9 = [ ]
○

52 - 5 = [ ]

□□
55 - 6 = [ ]
○

45 - 8 = [ ]

□□
24 - 8 = [ ]
○

83 - 9 = [ ]

□□
87 - 8 = [ ]
○

65 - 7 = [ ]

□□
92 - 5 = [ ]
○

34 - 8 = [ ]

□□
74 - 7 = [ ]
○

70 - 3 = [ ]

53 - 4 = [ ]

25 - 9 = ☐

25 - 6 = ☐

34 - 6 = ☐

36 - 8 = ☐

46 - 8 = ☐

74 - 6 = ☐

61 - 4 = ☐

53 - 4 = ☐

66 - 7 = ☐

21 - 7 = ☐

70 - 8 = ☐

76 - 9 = ☐

51 - 9 = ☐

61 - 2 = ☐

87 - 8 = ☐

23 - 5 = ☐

47 - 9 = ☐

50 - 3 =

55 - 7 =

46 - 9 =

80 - 2 =

62 - 8 =

42 - 5 =

73 - 6 =

78 - 9 =

35 - 7 =

63 - 6 =

84 - 8 =

20 - 4 =

24 - 6 =

44 - 7 =

95 - 8 =

81 - 3 =

47 - 8 =

32 - 9 =

7-1단계
받아내림이 있는
(몇 십) - (몇) 세로셈

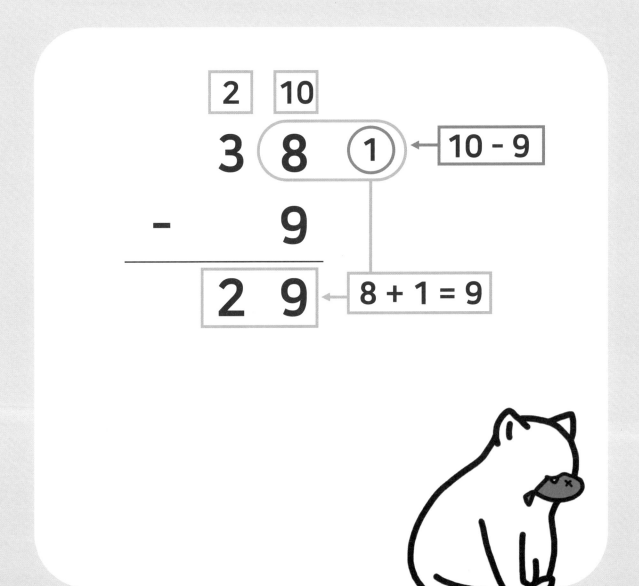

$$
\begin{array}{r}
\square\ \square \\
8\ 0\ \bigcirc \\
-\ \ \ 6 \\
\hline
\square
\end{array}
$$

$$
\begin{array}{r}
\square\ \square \\
5\ 0\ \bigcirc \\
-\ \ \ 8 \\
\hline
\square
\end{array}
$$

$$
\begin{array}{r}
\square\ \square \\
2\ 0\ \bigcirc \\
-\ \ \ 7 \\
\hline
\square
\end{array}
$$

$$
\begin{array}{r}
\square\ \square \\
6\ 0\ \bigcirc \\
-\ \ \ 4 \\
\hline
\square
\end{array}
$$

$$
\begin{array}{r}
\square\ \square \\
7\ 0\ \bigcirc \\
-\ \ \ 5 \\
\hline
\square
\end{array}
$$

$$
\begin{array}{r}
\square\ \square \\
3\ 0\ \bigcirc \\
-\ \ \ 6 \\
\hline
\square
\end{array}
$$

$$
\begin{array}{r}
\square\ \square \\
4\ 0\ \bigcirc \\
-\ \ \ 9 \\
\hline
\square
\end{array}
$$

$$
\begin{array}{r}
\square\ \square \\
5\ 0\ \bigcirc \\
-\ \ \ 6 \\
\hline
\square
\end{array}
$$

$$
\begin{array}{r}
\square\ \square \\
9\ 0\ \bigcirc \\
-\ \ \ 5 \\
\hline
\square
\end{array}
$$

$$
\begin{array}{r}
\square\ \square \\
4\ 6\ \bigcirc \\
-\ \ \ 8 \\
\hline
\square
\end{array}
$$

$$
\begin{array}{r}
\square\ \square \\
9\ 5\ \bigcirc \\
-\ \ \ 7 \\
\hline
\square
\end{array}
$$

$$
\begin{array}{r}
\square\ \square \\
8\ 7\ \bigcirc \\
-\ \ \ 9 \\
\hline
\square
\end{array}
$$

☐☐
3 8 ◯
− 9
☐

☐☐
6 2 ◯
− 7
☐

☐☐
4 3 ◯
− 5
☐

☐☐
5 6 ◯
− 7
☐

☐☐
1 8 ◯
− 9
☐

☐☐
7 2 ◯
− 6
☐

☐☐
2 3 ◯
− 8
☐

☐☐
9 4 ◯
− 5
☐

☐☐
5 8 ◯
− 9
☐

☐☐
7 4 ◯
− 9
☐

☐☐
8 0 ◯
− 5
☐

☐☐
3 2 ◯
− 5
☐

100

$\square\ \square$
2 4 ◯
−   6
▭

$\square\ \square$
5 7 ◯
−   8
▭

$\square\ \square$
3 0 ◯
−   9
▭

$\square\ \square$
9 2 ◯
−   4
▭

$\square\ \square$
5 6 ◯
−   9
▭

$\square\ \square$
8 0 ◯
−   6
▭

$\square\ \square$
3 5 ◯
−   8
▭

$\square\ \square$
6 2 ◯
−   7
▭

$\square\ \square$
9 1 ◯
−   4
▭

$\square\ \square$
4 3 ◯
−   7
▭

$\square\ \square$
8 2 ◯
−   6
▭

$\square\ \square$
5 2 ◯
−   9
▭

□□
4 8 ◯

```
   4 8
 -   9
 _____
 [    ]
```

```
   2 0
 -   8
 _____
 [    ]
```

```
   7 0
 -   3
 _____
 [    ]
```

```
   4 0
 -   7
 _____
 [    ]
```

□□
2 3 ◯

```
   2 3
 -   6
 _____
 [    ]
```

```
   6 0
 -   8
 _____
 [    ]
```

```
   9 0
 -   8
 _____
 [    ]
```

```
   5 0
 -   2
 _____
 [    ]
```

□□
5 7 ◯

```
   5 7
 -   9
 _____
 [    ]
```

```
   3 3
 -   6
 _____
 [    ]
```

```
   2 5
 -   8
 _____
 [    ]
```

```
   8 3
 -   4
 _____
 [    ]
```

□□
9 5 ◯

```
   9 5
 -   8
 _____
 [    ]
```

```
   4 1
 -   5
 _____
 [    ]
```

```
   3 4
 -   7
 _____
 [    ]
```

```
   6 8
 -   9
 _____
 [    ]
```

□□
3 2 ◯

```
   3 2
 -   3
 _____
 [    ]
```

```
   7 1
 -   5
 _____
 [    ]
```

```
   9 6
 -   7
 _____
 [    ]
```

```
   2 3
 -   9
 _____
 [    ]
```

```
  4  2        5  6        3  3        2  5
-     9     -     8     -     7     -     7
```

```
  8  0        6  4        7  3        8  6
-     6     -     9     -     8     -     7
```

```
  3  2        9  0        5  2        4  3
-     8     -     8     -     7     -     8
```

```
  2  5        3  7        4  1        7  0
-     6     -     9     -     5     -     3
```

```
  6  8        5  2        3  3        2  1
-     9     -     5     -     6     -     8
```

(두 자리 수) + (두 자리 수)

$$8 + 1 = 9$$

십 　일　　　　十　일　　　　십　일

$$8\,④ + 1\,③ = 9\,⑦$$

$$4 + 3 = 7$$

(두 자리 수) + (두 자리 수)

8 0 + 1 0 = _◯   1 8 + 6 0 = _◯

2 0 + 5 0 = _◯   2 4 + 5 0 = _◯

4 0 + 3 0 = _◯   5 3 + 4 0 = _◯

6 0 + 2 0 = _◯   4 6 + 2 0 = _◯

3 0 + 1 0 = _◯   1 2 + 7 0 = _◯

5 0 + 2 0 = _◯   6 0 + 3 8 = _◯

4 0 + 5 0 = _◯   3 0 + 4 5 = _◯

1 0 + 7 0 = _◯   7 0 + 1 9 = _◯

7 0 + 3 0 = _◯   8 0 + 1 2 = _◯

9 0 + 1 0 = _◯   6 0 + 3 7 = _◯

(두 자리 수) + (두 자리 수)

8④ + 1③ = __◯   1⑦ + 6② = __◯

2⑥ + 5② = __◯   2⓪ + 5③ = __◯

4⑦ + 3① = __◯   5⑦ + 4⓪ = __◯

6② + 2④ = __◯   4③ + 2② = __◯

3① + 1⑦ = __◯   1⑥ + 7⓪ = __◯

2⑧ + 2① = __◯   6④ + 3⑤ = __◯

4④ + 5③ = __◯   3⑦ + 4② = __◯

8③ + 1③ = __◯   7① + 1③ = __◯

7② + 1⑥ = __◯   8② + 1⑦ = __◯

5④ + 3④ = __◯   6⑤ + 1④ = __◯

43 + 12 = _◯   52 + 35 = _◯

65 + 20 = _◯   44 + 13 = _◯

36 + 32 = _◯   66 + 22 = _◯

12 + 44 = _◯   45 + 54 = _◯

54 + 23 = _◯   13 + 32 = _◯

36 + 12 = _◯   27 + 60 = _◯

28 + 71 = _◯   11 + 68 = _◯

20 + 43 = _◯   25 + 71 = _◯

17 + 62 = _◯   70 + 10 = _◯

31 + 53 = _◯   33 + 22 = _◯

27 + 12 = __◯   42 + 41 = __◯

45 + 30 = __◯   23 + 21 = __◯

38 + 11 = __◯   76 + 23 = __◯

56 + 22 = __◯   35 + 32 = __◯

13 + 50 = __◯   61 + 35 = __◯

62 + 35 = __◯   57 + 11 = __◯

24 + 23 = __◯   12 + 83 = __◯

80 + 19 = __◯   28 + 61 = __◯

13 + 15 = __◯   40 + 40 = __◯

65 + 32 = __◯   53 + 22 = __◯

< 세로셈 >

```
    4 0        3 0        8 0        2 0
  + 2 0      + 5 0      + 1 0      + 6 0
  ┌─────┐    ┌─────┐    ┌─────┐    ┌─────┐
  └─────┘    └─────┘    └─────┘    └─────┘


    7 0        3 0        1 0        4 0
  + 2 0      + 3 0      + 4 0      + 3 0
  ┌─────┐    ┌─────┐    ┌─────┐    ┌─────┐
  └─────┘    └─────┘    └─────┘    └─────┘


    8 0        5 0        9 0        6 0
  + 2 0      + 5 0      + 1 0      + 4 0
  ┌─────┐    ┌─────┐    ┌─────┐    ┌─────┐
  └─────┘    └─────┘    └─────┘    └─────┘


    3 0        4 0        3 0        7 0
  + 2 5      + 4 7      + 6 8      + 1 9
  ┌─────┐    ┌─────┐    ┌─────┐    ┌─────┐
  └─────┘    └─────┘    └─────┘    └─────┘


    6 3        1 5        4 2        5 6
  + 2 0      + 5 0      + 3 0      + 2 0
  ┌─────┐    ┌─────┐    ┌─────┐    ┌─────┐
  └─────┘    └─────┘    └─────┘    └─────┘
```

< 세로셈 >

```
    5 2        3 1        7 7        8 0
  + 2 7      + 4 6      + 1 2      + 1 3
  ┌─────┐    ┌─────┐    ┌─────┐    ┌─────┐
  └─────┘    └─────┘    └─────┘    └─────┘


    4 4        2 6        1 6        5 0
  + 2 5      + 3 1      + 4 3      + 3 8
  ┌─────┐    ┌─────┐    ┌─────┐    ┌─────┐
  └─────┘    └─────┘    └─────┘    └─────┘


    3 4        2 3        4 3        5 7
  + 6 4      + 3 6      + 1 4      + 2 2
  ┌─────┐    ┌─────┐    ┌─────┐    ┌─────┐
  └─────┘    └─────┘    └─────┘    └─────┘


    4 5        1 2        2 0        7 6
  + 2 4      + 3 6      + 3 5      + 1 2
  ┌─────┐    ┌─────┐    ┌─────┐    ┌─────┐
  └─────┘    └─────┘    └─────┘    └─────┘


    8 3        5 4        6 6        2 1
  + 1 3      + 3 2      + 1 2      + 4 8
  ┌─────┐    ┌─────┐    ┌─────┐    ┌─────┐
  └─────┘    └─────┘    └─────┘    └─────┘
```

< 세로셈 >

```
  4 2        2 1        2 8        7 5
+ 2 7      + 3 6      + 5 1      + 1 3
[     ]    [     ]    [     ]    [     ]
```

```
  7 4        3 6        5 6        2 0
+ 1 5      + 3 1      + 4 3      + 5 8
[     ]    [     ]    [     ]    [     ]
```

```
  6 5        2 3        4 2        5 7
+ 3 2      + 1 1      + 4 3      + 2 2
[     ]    [     ]    [     ]    [     ]
```

```
  3 0        5 2        1 3        2 9
+ 5 4      + 1 6      + 3 4      + 7 0
[     ]    [     ]    [     ]    [     ]
```

```
  1 6        1 4        4 5        6 1
+ 1 3      + 3 4      + 1 2      + 3 4
[     ]    [     ]    [     ]    [     ]
```

8-1 단계
(두 자리 수) - (두 자리 수)

2 - 1 = 1

십 일   십 일   십 일

2 ⑦ - 1 ⑤ = 1 ②

7 - 5 = 2

$\underline{9}0 - \underline{4}0 = \underline{}\bigcirc$ $\underline{8}0 - \underline{5}0 = \underline{}\bigcirc$

$\underline{5}0 - \underline{2}0 = \underline{}\bigcirc$ $\underline{3}0 - \underline{2}0 = \underline{}\bigcirc$

$\underline{6}0 - \underline{3}0 = \underline{}\bigcirc$ $\underline{7}0 - \underline{1}0 = \underline{}\bigcirc$

$\underline{7}0 - \underline{5}0 = \underline{}\bigcirc$ $\underline{9}0 - \underline{5}0 = \underline{}\bigcirc$

$\underline{8}0 - \underline{6}0 = \underline{}\bigcirc$ $\underline{4}0 - \underline{3}0 = \underline{}\bigcirc$

$\underline{2}0 - \underline{1}0 = \underline{}\bigcirc$ $\underline{6}0 - \underline{4}0 = \underline{}\bigcirc$

$\underline{4}0 - \underline{2}0 = \underline{}\bigcirc$ $\underline{5}0 - \underline{3}0 = \underline{}\bigcirc$

$\underline{3}0 - \underline{1}0 = \underline{}\bigcirc$ $\underline{8}0 - \underline{7}0 = \underline{}\bigcirc$

$\underline{6}0 - \underline{3}0 = \underline{}\bigcirc$ $\underline{7}0 - \underline{4}0 = \underline{}\bigcirc$

$\underline{10}0 - \underline{2}0 = \underline{}\bigcirc$ $\underline{10}0 - \underline{1}0 = \underline{}\bigcirc$

2⑦ - 1⑤ = __◯   8⑥ - 3⑥ = __◯

8⑥ - 3② = __◯   7④ - 2② = __◯

4⑤ - 2① = __◯   5⑥ - 3⓪ = __◯

9⑧ - 7④ = __◯   8⑨ - 4⑤ = __◯

6⑤ - 5⑤ = __◯   6② - 5① = __◯

3⑨ - 1⑥ = __◯   8⑧ - 6⑥ = __◯

7④ - 2③ = __◯   2⑦ - 1⑤ = __◯

4③ - 1② = __◯   3③ - 1① = __◯

5⑥ - 2③ = __◯   4⑥ - 2⑥ = __◯

9⑤ - 4④ = __◯   9⑦ - 7③ = __◯

5 6 - 3 3 = __◯   3 5 - 2 2 = __◯

2 7 - 1 5 = __◯   2 9 - 1 3 = __◯

3 8 - 2 6 = __◯   4 7 - 2 1 = __◯

8 5 - 3 4 = __◯   5 8 - 3 2 = __◯

6 6 - 2 3 = __◯   7 9 - 4 5 = __◯

5 5 - 1 2 = __◯   8 6 - 5 3 = __◯

4 9 - 2 7 = __◯   6 5 - 4 5 = __◯

6 3 - 1 1 = __◯   9 9 - 7 4 = __◯

9 2 - 6 1 = __◯   3 8 - 1 6 = __◯

7 9 - 4 6 = __◯   4 7 - 2 5 = __◯

4 1 - 3 1 = __◯   8 4 - 3 2 = __◯

2 9 - 1 5 = __◯   5 9 - 1 3 = __◯

4 8 - 2 6 = __◯   4 8 - 2 1 = __◯

8 6 - 3 4 = __◯   6 7 - 3 2 = __◯

3 6 - 2 3 = __◯   7 9 - 5 6 = __◯

5 2 - 1 2 = __◯   2 6 - 1 3 = __◯

9 9 - 2 7 = __◯   6 8 - 4 4 = __◯

6 4 - 1 1 = __◯   9 7 - 7 5 = __◯

7 2 - 6 1 = __◯   5 3 - 1 1 = __◯

5 9 - 5 6 = __◯   4 6 - 4 2 = __◯

< 세로셈 >

```
  8 0        7 0        9 0        6 0
- 3 0      - 1 0      - 5 0      - 6 0
_____   _____   _____   _____
```

```
  4 0        5 0        3 0        8 0
- 3 0      - 2 0      - 1 0      - 4 0
_____   _____   _____   _____
```

```
  6 5        9 9        4 8        5 5
- 4 0      - 6 0      - 2 0      - 3 0
_____   _____   _____   _____
```

```
  7 4        2 6        8 7        9 2
- 5 0      - 1 0      - 3 0      - 6 0
_____   _____   _____   _____
```

```
  9 8        6 3        5 4        4 6
- 6 0      - 4 0      - 1 0      - 2 0
_____   _____   _____   _____
```

< 세로셈 >

```
   6 3        5 4        8 3        4 6
 - 4 1      - 2 2      - 3 0      - 2 5
 ┌─────┐    ┌─────┐    ┌─────┐    ┌─────┐
 └─────┘    └─────┘    └─────┘    └─────┘


   7 2        8 8        2 9        7 5
 - 3 1      - 1 4      - 1 3      - 4 2
 ┌─────┐    ┌─────┐    ┌─────┐    ┌─────┐
 └─────┘    └─────┘    └─────┘    └─────┘


   4 7        9 9        6 5        3 6
 - 2 3      - 6 1      - 2 4      - 1 0
 ┌─────┐    ┌─────┐    ┌─────┐    ┌─────┐
 └─────┘    └─────┘    └─────┘    └─────┘


   5 8        6 6        7 8        8 5
 - 2 3      - 5 6      - 2 4      - 3 4
 ┌─────┐    ┌─────┐    ┌─────┐    ┌─────┐
 └─────┘    └─────┘    └─────┘    └─────┘


   3 9        4 5        9 6        6 7
 - 1 7      - 3 3      - 6 2      - 5 3
 ┌─────┐    ┌─────┐    ┌─────┐    ┌─────┐
 └─────┘    └─────┘    └─────┘    └─────┘
```

< 세로셈 >

```
  7 3        6 4        2 3        5 6
- 4 1      - 2 2      - 1 0      - 2 5
┌─────┐    ┌─────┐    ┌─────┐    ┌─────┐
└─────┘    └─────┘    └─────┘    └─────┘


  3 2        7 8        9 9        4 5
- 3 1      - 1 4      - 2 3      - 4 2
┌─────┐    ┌─────┐    ┌─────┐    ┌─────┐
└─────┘    └─────┘    └─────┘    └─────┘


  4 7        9 9        6 5        3 6
- 2 3      - 6 1      - 2 4      - 1 0
┌─────┐    ┌─────┐    ┌─────┐    ┌─────┐
└─────┘    └─────┘    └─────┘    └─────┘


  5 6        8 5        7 8        6 4
- 1 4      - 7 2      - 3 6      - 6 3
┌─────┐    ┌─────┐    ┌─────┐    ┌─────┐
└─────┘    └─────┘    └─────┘    └─────┘


  6 8        5 6        4 8        9 5
- 4 2      - 2 6      - 1 7      - 3 4
┌─────┐    ┌─────┐    ┌─────┐    ┌─────┐
└─────┘    └─────┘    └─────┘    └─────┘
```

9단계
(두 자리 수) + (두 자리 수)
교과 과정

뒷 수 가르기로 계산

46 + 23 = 46 + 20 + ③

20 ╱╲ 3 = 66 + ③

= 69

십의 자리 수끼리 일의 자리 수끼리 계산

46 + 23 = 40 + ⑥ + 20 + ③

40 ╱╲ 6 20 ╱╲ 3 = 60 + ⑨

= 69

$$34 + 25 = 34 + \boxed{} + 5$$

$$20 \quad 5 = \boxed{} + 5$$

$$= \boxed{}$$

$$34 + 25 = 30 + \boxed{4} + \underline{20} + \boxed{5}$$

$$30 \quad 4 \quad 20 \quad 5 = \boxed{} + 9$$

$$= \boxed{}$$

$$52 + 17 = 52 + \boxed{} + 7$$

$$10 \quad 7 = 62 + \boxed{}$$

$$= \boxed{}$$

$$52 + 17 = 50 + \boxed{2} + \underline{10} + \boxed{7}$$

$$50 \quad 2 \quad 10 \quad 7 = \boxed{} + \boxed{}$$

$$= \boxed{}$$

$52 + 42 = 52 + \boxed{} + 2$

$40 \quad 2 = \boxed{} + 2$

$= \boxed{}$

$52 + 42 = 50 + \bigcirc{2} + \underline{40} + \bigcirc{2}$

$50 \quad 2 \quad 40 \quad 2 = \boxed{} + 4$

$= \boxed{}$

$36 + 62 = 36 + \boxed{} + 2$

$60 \quad 2 = 96 + \boxed{}$

$= \boxed{}$

$36 + 62 = 30 + \bigcirc{6} + \underline{60} + \bigcirc{2}$

$30 \quad 6 \quad 60 \quad 2 = \boxed{} + \boxed{}$

$= \boxed{}$

75 + 13 = 75 + 10 + ☐

10 ☐ = ☐ + 3

= ☐

75 + 13 = 70 + ⑤ + 10 + ③

70 5 10 3 = ☐ + 8

= ☐

43 + 26 = 43 + 20 + ☐

☐ 6 = ☐ + 6

= ☐

43 + 26 = ☐ + ③ + ☐ + ⑥

☐ 3 ☐ 6 = 60 + ☐

= ☐

123

$26 + 12 = 26 + 10 + \boxed{}$

$10 \wedge \boxed{} = \boxed{} + 2$

$= \boxed{}$

$26 + 12 = \boxed{} + \enclose{circle}{6} + \boxed{} + \enclose{circle}{2}$

$\boxed{} \wedge 6 \quad \boxed{} \wedge 2 = 30 + \boxed{}$

$= \boxed{}$

$61 + 24 = 61 + 20 + \boxed{}$

$\boxed{} \wedge 4 = 81 + \boxed{}$

$= \boxed{}$

$61 + 24 = \boxed{} + \enclose{circle}{1} + \boxed{} + \enclose{circle}{4}$

$60 \wedge \boxed{} \quad 20 \wedge \boxed{} = 80 + \boxed{}$

$= \boxed{}$

82 + 14 = <u>82 + 10</u> + ☐

10 ☐ = <u>☐ + 4</u>

= ☐

---

82 + 14 = <u>☐</u> + ② + <u>☐</u> + ④

☐ 2 ☐ 4 = <u>90</u> + ☐

= ☐

---

65 + 32 = <u>65 + ☐</u> + 2

☐ 2 = <u>95 + ☐</u>

= ☐

---

65 + 32 = <u>60</u> + ◯ + <u>30</u> + ◯

60 ☐ 30 ☐ = <u>☐ + 7</u>

= ☐

9-1단계
(두 자리 수) - (두 자리 수)
교과 과정

뒷 수 가르기로 계산

$46 - 24 = 46 - 20 - 4$

$20 \quad 4 = 26 - 4$

$= 22$

십의 자리 수끼리 일의 자리 수끼리 계산

$46 - 24 = 40 + 6 - 20 - 4$

$40 \quad 6 \quad 20 \quad 4 = 20 + 2$

$= 22$

46 - 24 = 46 - ☐ - 4

20 ⌄ 4 = ☐ - 4

= ☐

---

46 - 24 = 40 + ⑥ - 20 - ④

40 ⌄ 6   20 ⌄ 4 = ☐ + 2

= ☐

---

78 - 53 = 78 - ☐ - 3

50 ⌄ 3 = 28 - ☐

= ☐

---

78 - 53 = 70 + ⑧ - 50 - ③

70 ⌄ 8   50 ⌄ 3 = ☐ + ☐

= ☐

$$52 - 31 = 52 - \boxed{} - 1$$

30   1 $= \boxed{} - 1$

$= \boxed{}$

$$52 - 31 = 50 + \bigcirc{2} - \underline{30} - \bigcirc{1}$$

50   2   30   1 $= \boxed{} + 1$

$= \boxed{}$

$$74 - 32 = 74 - \boxed{} - 2$$

30   2 $= \underline{44} - \boxed{}$

$= \boxed{}$

$$74 - 32 = 70 + \bigcirc{4} - \underline{30} - \bigcirc{2}$$

70   4   30   2 $= \boxed{} + \boxed{}$

$= \boxed{}$

94 - 12 = 94 - ☐ - 2

10 ☐ = ☐ - 2

= ☐

---

94 - 12 = 90 + ④ - ☐ - ②

☐ 4 ☐ 2 = ☐ + 2

= ☐

---

87 - 43 = 87 - 40 - ☐

☐ ☐ = ☐ - 3

= ☐

---

87 - 43 = 80 + ⑦ - 40 - ◯

☐ ☐ ☐ ☐ = ☐ + 4

= ☐

38 - 27 = 38 - ☐ - 7

20 ⌄ ☐ = ☐ - 7

= ☐

38 - 27 = 30 + ⑧ - 20 - ⑦

☐ ⌄ 8   ☐ ⌄ 7 = ☐ + 1

= ☐

86 - 15 = 86 - 10 - ☐

☐ ☐ = ☐ - 5

= ☐

86 - 15 = 80 + ⑥ - 10 - ◯

☐ ☐ ☐ ☐ = ☐ + 1

= ☐

$$59 - 37 = \underline{59 - 30} - \boxed{}$$

$$30 \overbrace{\boxed{}} = \underline{\boxed{} - 7}$$

$$= \boxed{}$$

$$59 - 37 = \underline{\boxed{} + \bigcirc{9}} - \underline{\boxed{}} - \bigcirc{7}$$

$$\boxed{} \quad 9 \quad \boxed{} \quad 7 = \underline{20} + \boxed{}$$

$$= \boxed{}$$

$$65 - 24 = \underline{65 - \boxed{}} - 4$$

$$20 \overbrace{\boxed{}} = \underline{45 - \boxed{}}$$

$$= \boxed{}$$

$$65 - 24 = \underline{60} + \bigcirc - \underline{20} - \bigcirc$$

$$60 \quad \boxed{} \quad 20 \quad \boxed{} = \underline{\boxed{}} + 1$$

$$= \boxed{}$$

10단계
수의 응용

$$5 + 5 = 10$$

$$1\underline{5} + 1\underline{5} = 30$$
10 + 10 + 10

$$2\underline{5} + 2\underline{5} = 50$$
20 + 20 + 10

$$3\underline{5} + 3\underline{5} = 70$$
30 + 30 + 10

$$4\underline{5} + 4\underline{5} = 90$$
40 + 40 + 10

응용

같은 수 더하기

1 + 1 = ☐

2 + 2 = ☐

3 + 3 = ☐

4 + 4 = ☐

5 + 5 = ☐

6 + 6 = ☐

7 + 7 = ☐

8 + 8 = ☐

9 + 9 = ☐

```
   1 0          2 0
+  1 0       +  2 0
─────────    ─────────
[        ]   [        ]


   3 0          4 0
+  3 0       +  4 0
─────────    ─────────
[        ]   [        ]


   5 0          6 0
+  5 0       +  6 0
─────────    ─────────
[        ]   [        ]


   7 0          8 0
+  7 0       +  8 0
─────────    ─────────
[        ]   [        ]


   9 0
+  9 0
─────────
[        ]
```

응용

같은 수 더하기

1 + 1 = ☐   ①0 + ①0 = ☐0

2 + 2 = ☐   ②0 + ②0 = ☐0

3 + 3 = ☐   ③0 + ③0 = ☐0

4 + 4 = ☐   ④0 + ④0 = ☐0

5 + 5 = ☐   ⑤0 + ⑤0 = ☐0

6 + 6 = ☐   ⑥0 + ⑥0 = ☐0

7 + 7 = ☐   ⑦0 + ⑦0 = ☐0

8 + 8 = ☐   ⑧0 + ⑧0 = ☐0

9 + 9 = ☐   ⑨0 + ⑨0 = ☐0

10 + 10 = ☐   ⑩0 + ⑩0 = ☐0

1 + 1 =

2 + 2 =

3 + 3 =

4 + 4 =

5 + 5 =

6 + 6 =

7 + 7 =

8 + 8 =

9 + 9 =

10 + 10 =

10 + 10 =

20 + 20 =

30 + 30 =

40 + 40 =

50 + 50 =

60 + 60 =

70 + 70 =

80 + 80 =

90 + 90 =

100 + 100 =

응용

5 + 5 = ☐

15 + 15 = ☐
10+10+10

25 + 25 = ☐
20+20+10

35 + 35 = ☐
30+30+10

45 + 45 = ☐
40+40+10

10 + 10 = ☐

20 + 20 = ☐

30 + 30 = ☐

40 + 40 = ☐

50 + 50 = ☐

5 + 5 = ☐

10 + 10 = ☐

15 + 15 = ☐

20 + 20 = ☐

25 + 25 = ☐

30 + 30 = ☐

35 + 35 = ☐

40 + 40 = ☐

45 + 45 = ☐

50 + 50 = ☐

5 + 5 =

15 + 15 =

25 + 25 =

35 + 35 =

45 + 45 =

---

5 + 5 =

10 + 10 =

15 + 15 =

20 + 20 =

25 + 25 =

30 + 30 =

35 + 35 =

40 + 40 =

45 + 45 =

50 + 50 =

---

10 + 10 =

20 + 20 =

30 + 30 =

40 + 40 =

50 + 50 =

매쓰쿠키 2권

발행일 · 2020년 1월 3일

지은이 · 이수현
발행처 · 꿈나래
출판사 등록일 · 2019년 11월 7일

전화 · 010-8952-9588
이메일 · mathcookie@naver.com
편집 및 디자인 · 정수빈 (jeongs176@naver.com)

ISBN 979-11-968789-1-7

매쓰쿠키

"읽으면 아는 연산"

✓ 수학도 쿠키처럼 맛있게

어려운 연산은 NO

✓ 첫 연산은 바르게

✓ 첫 연산은 기억하기 쉽게

✓ 첫 연산은 노래하며 재미있게

✓ 다양한 맛으로 아이들을
사로잡는 매쓰쿠키

초등 수학
1학년 2학기

정답 및 풀이

1~100까지 수 쓰기

1	2	3	4	5	6	7	8	9	10
11	12	13	14	15	16	17	18	19	20
21	22	23	24	25	26	27	28	29	30
31	32	33	34	35	36	37	38	39	40
41	42	43	44	45	46	47	48	49	50
51	52	53	54	55	56	57	58	59	60
61	62	63	64	65	66	67	68	69	70
71	72	73	74	75	76	77	78	79	80
81	82	83	84	85	86	87	88	89	90
91	92	93	94	95	96	97	98	99	100

1~100까지 수 쓰기

1	2	3	4	5	6	7	8	9	10
11	12	13	14	15	16	17	18	19	20
21	22	23	24	25	26	27	28	29	30
31	32	33	34	35	36	37	38	39	40
41	42	43	44	45	46	47	48	49	50
51	52	53	54	55	56	57	58	59	60
61	62	63	64	65	66	67	68	69	70
71	72	73	74	75	76	77	78	79	80
81	82	83	84	85	86	87	88	89	90
91	92	93	94	95	96	97	98	99	100

수 읽기

10 (십 , 열)	10 (십 , 열)
20 (이십 , 스물)	20 (이십 , 스물)
30 (삼십 , 서른)	30 (삼십 , 서른)
40 (사십 , 마흔)	40 (사십 , 마흔)
50 (오십 , 쉰)	50 (오십 , 쉰)
60 (육십 , 예순)	60 (육십 , 예순)
70 (칠십 , 일흔)	70 (칠십 , 일흔)
80 (팔십 , 여든)	80 (팔십 , 여든)
90 (구십 , 아흔)	90 (구십 , 아흔)
100 (백)	100 (백)

수 읽기

10 (십 , 열)	50 (오십 , 쉰)
20 (이십 , 스물)	70 (칠십 , 일흔)
30 (삼십 , 서른)	40 (사십 , 마흔)
40 (사십 , 마흔)	80 (팔십 , 여든)
50 (오십 , 쉰)	10 (십 , 열)
60 (육십 , 예순)	30 (삼십 , 서른)
70 (칠십 , 일흔)	90 (구십 , 아흔)
80 (팔십 , 여든)	20 (이십 , 스물)
90 (구십 , 아흔)	60 (육십 , 예순)
100 (백)	100 (백)

수 읽기

15 (십오 , 열다섯)   13 (십삼 , 열셋)

26 (이십육 , 스물여섯)   27 (이십칠 , 스물일곱)

34 (삼십사 , 서른넷)   39 (삼십구 , 서른아홉)

48 (사십팔 , 마흔여덟)   46 (사십육 , 마흔여섯)

52 (오십이 , 쉰둘)   51 (오십일 , 쉰하나)

69 (육십구 , 예순아홉)   62 (육십이 , 예순둘)

71 (칠십일 , 일흔하나)   75 (칠십오 , 일흔다섯)

87 (팔십칠 , 여든일곱)   84 (팔십사 , 여든넷)

93 (구십삼 , 아흔셋)   98 (구십팔 , 아흔여덟)

수 읽기

17 (십칠 , 열일곱)   64 (육십사 , 예순넷)

28 (이십팔 , 스물여덟)   23 (이십삼 , 스물셋)

36 (삼십육 , 서른여섯)   11 (십일 , 열하나)

45 (사십오 , 마흔다섯)   85 (팔십오 , 여든다섯)

53 (오십삼 , 쉰셋)   49 (사십구 , 마흔아홉)

61 (육십일 , 예순하나)   92 (구십이 , 아흔둘)

79 (칠십구 , 일흔아홉)   37 (삼십칠 , 서른일곱)

82 (팔십이 , 여든둘)   58 (오십팔 , 쉰여덟)

94 (구십사 , 아흔넷)   76 (칠십육 , 일흔여섯)

□ 안에 알맞은 수를 쓰시오.

12 는 10 개씩 묶음 [1] 개와 낱개 [2] 인 수

35 는 10 개씩 묶음 [3] 개와 낱개 [5] 인 수

46 은 10 개씩 묶음 [4] 개와 낱개 [6] 인 수

59 는 10 개씩 묶음 [5] 개와 낱개 [9] 인 수

27 은 10 개씩 묶음 [2] 개와 낱개 [7] 인 수

35 는 10 개씩 묶음 [3] 개와 낱개 [5] 인 수

46 은 10 개씩 묶음 [4] 개와 낱개 [6] 인 수

59 는 10 개씩 묶음 [5] 개와 낱개 [9] 인 수

64 는 10 개씩 묶음 [6] 개와 낱개 [4] 인 수

73 은 10 개씩 묶음 [7] 개와 낱개 [3] 인 수

81 은 10 개씩 묶음 [8] 개와 낱개 [1] 인 수

98 은 10 개씩 묶음 [9] 개와 낱개 [8] 인 수

□ 안에 알맞은 수를 쓰시오.

16 = 10 + [6]   65 = 60 + [5]

24 = 20 + [4]   42 = 40 + [2]

39 = 30 + [9]   87 = 80 + [7]

41 = [40] + 1   29 = [20] + 9

58 = [50] + 8   31 = [30] + 1

63 = [60] + 3   94 = [90] + 4

[75] = 70 + 5   [53] = 50 + 3

[82] = 80 + 2   [16] = 10 + 6

[97] = 90 + 7   [78] = 70 + 8

수 읽기

1작은수	1큰수		1작은수	1큰수
(34) - 35 - (36)			(61) - 62 - (63)	
(71) - 72 - (73)			(16) - 17 - (18)	
(25) - 26 - (27)			(48) - 49 - (50)	
(98) - 99 - (100)			(49) - 50 - (51)	
(60) - 61 - (62)			(83) - 84 - (85)	
(13) - 14 - (15)			(30) - 31 - (32)	
(79) - 80 - (81)			(94) - 95 - (96)	
(46) - 47 - (48)			(27) - 28 - (29)	
(52) - 53 - (54)			(72) - 73 - (74)	
(27) - 28 - (29)			(55) - 56 - (57)	

세 수의 덧셈

$7 + 3 + 9 =$ [19]

$6 + 4 + 8 =$ [18]

$5 + 3 + 5 =$ [13]

$8 + 3 + 2 =$ [13]

$1 + 9 + 2 =$ [12]

$9 + 2 + 8 =$ [19]

세 수의 뺄셈

$13 - 3 - 6 =$ [4]

$17 - 7 - 4 =$ [6]

$18 - 8 - 3 =$ [7]

$15 - 5 - 2 =$ [8]

$19 - 9 - 6 =$ [4]

$12 - 2 - 8 =$ [2]

세 수의 덧셈 / 세 수의 뺄셈 (page 21)

세 수의 덧셈

3 + 7 + 4 = 14

6 + 8 + 2 = 16

1 + 5 + 5 = 11

8 + 2 + 7 = 17

1 + 6 + 9 = 16

7 + 4 + 3 = 14

세 수의 뺄셈

19 - 9 - 3 = 7

18 - 8 - 4 = 6

16 - 6 - 9 = 1

17 - 7 - 2 = 8

15 - 5 - 8 = 2

13 - 3 - 7 = 3

21

세 수의 덧셈 / 세 수의 뺄셈 (page 22)

세 수의 덧셈

5 + 7 + 5 = 17

6 + 4 + 2 = 12

1 + 8 + 9 = 18

3 + 2 + 8 = 13

10 + 6 - 0 = 16

3 + 7 + 6 = 16

세 수의 뺄셈

12 - 2 - 8 = 2

16 - 6 - 4 = 6

13 - 3 - 7 = 3

15 - 5 - 6 = 4

19 - 9 - 2 = 8

14 - 4 - 3 = 7

22

(두 자리 수) + (한 자리 수)

십일	일	십일
4③ + ⑥ = 4 9		2 5 + 3 = 2 8
5① + ⑦ = 5 8		4 6 + 2 = 4 8
2④ + ⑤ = 2 9		8 3 + 4 = 8 7
9② + ③ = 9 5		1 0 + 7 = 1 7
1⑥ + ② = 1 8		9 1 + 5 = 9 6
6⓪ + ④ = 6 4		7 2 + 6 = 7 8
7⑤ + ② = 7 7		5 0 + 9 = 5 9
8③ + ⑤ = 8 8		6 4 + 4 = 6 8
3⑥ + ① = 3 7		3 7 + 2 = 3 9
5⑦ + ② = 5 9		5 8 + 1 = 5 9

(두 자리 수) + (한 자리 수)

십일	일	십일
5⓪ + ⑧ = 5 8		2③ + ③ = 2 6
7⓪ + ④ = 7 4		3④ + ⑤ = 3 9
3⓪ + ② = 3 2		1② + ⑦ = 1 9
8⓪ + ⑤ = 8 5		5① + ④ = 5 5
1⓪ + ③ = 1 3		7② + ⑥ = 7 8
6⓪ + ① = 6 1		4③ + ④ = 4 7
9⓪ + ⑨ = 9 9		6⑤ + ② = 6 7
4⓪ + ⑥ = 4 6		8⑦ + ② = 8 9
2⓪ + ⑦ = 2 7		9⑥ + ③ = 9 9
3⓪ + ④ = 3 4		5⑧ + ① = 5 9

(두 자리 수) + (한 자리 수)

2 7 + 2 **2 9**	4 5 + 3 **4 8**	6 1 + 7 **6 8**	3 2 + 2 **3 4**
7 5 + 4 **7 9**	8 1 + 2 **8 3**	5 2 + 3 **5 5**	4 6 + 3 **4 9**
3 4 + 4 **3 8**	5 3 + 1 **5 4**	7 2 + 5 **7 7**	2 1 + 1 **2 2**
4 3 + 2 **4 5**	2 1 + 8 **2 9**	6 3 + 4 **6 7**	9 4 + 2 **9 6**
1 2 + 6 **1 8**	8 3 + 3 **8 6**	9 4 + 1 **9 5**	6 5 + 4 **6 9**

(두 자리 수) - (한 자리 수)

십 일	일		십 일	십 일	일		십 일
5 9	- 6	=	5 3	2 3	- 3	=	2 0
7 8	- 4	=	7 4	3 5	- 4	=	3 1
3 7	- 2	=	3 5	1 7	- 2	=	1 5
8 6	- 5	=	8 1	5 4	- 1	=	5 3
1 5	- 3	=	1 2	7 6	- 3	=	7 3
6 8	- 1	=	6 7	4 9	- 6	=	4 3
9 9	- 6	=	9 3	6 5	- 2	=	6 3
4 7	- 5	=	4 2	8 7	- 5	=	8 2
2 8	- 7	=	2 1	9 6	- 3	=	9 3

(두 자리 수) - (한 자리 수)

십일	일		십일	일	
6 5	- 4	= 6 1	2 8	- 6	= 2 2
3 3	- 2	= 3 1	9 5	- 2	= 9 3
7 2	- 1	= 7 1	3 7	- 5	= 3 2
1 8	- 5	= 1 3	8 2	- 2	= 8 0
4 7	- 3	= 4 4	5 9	- 4	= 5 5
9 1	- 1	= 9 0	1 6	- 1	= 1 5
8 4	- 2	= 8 2	4 8	- 3	= 4 5
2 9	- 6	= 2 3	7 4	- 2	= 7 2
5 6	- 4	= 5 2	6 5	- 3	= 6 2

(두 자리 수) - (한 자리 수)

$$
\begin{array}{cc}
7\ 4 & 8\ 6 \\
-\ \ 2 & -\ \ 5 \\
\hline
7\ 2 & 8\ 1
\end{array}
\qquad
\begin{array}{cc}
6\ 9 & 3\ 8 \\
-\ \ 4 & -\ \ 3 \\
\hline
6\ 5 & 3\ 5
\end{array}
$$

$$
\begin{array}{cc}
2\ 8 & 9\ 7 \\
-\ \ 6 & -\ \ 3 \\
\hline
2\ 2 & 9\ 4
\end{array}
\qquad
\begin{array}{cc}
1\ 4 & 7\ 9 \\
-\ \ 2 & -\ \ 5 \\
\hline
1\ 2 & 7\ 4
\end{array}
$$

$$
\begin{array}{cc}
5\ 4 & 1\ 8 \\
-\ \ 3 & -\ \ 2 \\
\hline
5\ 1 & 1\ 6
\end{array}
\qquad
\begin{array}{cc}
7\ 9 & 4\ 5 \\
-\ \ 6 & -\ \ 4 \\
\hline
7\ 3 & 4\ 1
\end{array}
$$

$$
\begin{array}{cc}
3\ 9 & 7\ 5 \\
-\ \ 6 & -\ \ 1 \\
\hline
3\ 3 & 7\ 4
\end{array}
\qquad
\begin{array}{cc}
8\ 3 & 9\ 5 \\
-\ \ 2 & -\ \ 2 \\
\hline
8\ 1 & 9\ 3
\end{array}
$$

$$
\begin{array}{cc}
4\ 8 & 5\ 6 \\
-\ \ 5 & -\ \ 2 \\
\hline
4\ 3 & 5\ 4
\end{array}
\qquad
\begin{array}{cc}
2\ 4 & 6\ 7 \\
-\ \ 3 & -\ \ 3 \\
\hline
2\ 1 & 6\ 4
\end{array}
$$

31

34 − 4 = 30	68 − 5 = 63	43 + 6 = 49	92 + 7 = 99
87 − 1 = 86	29 − 3 = 26	64 + 1 = 65	52 + 1 = 53
39 − 6 = 33	47 − 2 = 45	73 + 4 = 77	16 + 2 = 18
55 − 3 = 52	16 − 3 = 13	98 + 1 = 99	23 + 5 = 28
76 − 2 = 74	95 − 1 = 94	21 + 5 = 26	42 + 3 = 45

32

78 − 1 = 77	29 − 7 = 22	65 + 2 = 67	54 + 3 = 57
43 − 3 = 40	65 − 2 = 63	26 + 3 = 29	30 + 5 = 35
57 − 5 = 52	38 − 6 = 32	45 + 4 = 49	74 + 3 = 77
89 − 6 = 83	16 − 4 = 12	15 + 3 = 18	93 + 6 = 99
78 − 6 = 72	94 − 3 = 91	24 + 4 = 28	80 + 7 = 87

10 만들어 받아올림

13이 되는 수

6 + 7 = 13
5 + 8 = 13
4 + 9 = 13

6 + 7 = 13
5 + 8 = 13
4 + 9 = 13

14가 되는 수

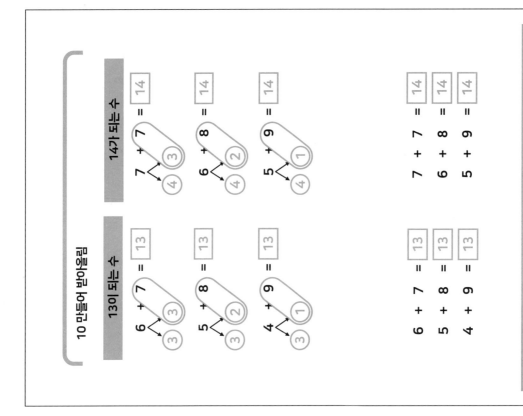

7 + 7 = 14
6 + 8 = 14
5 + 9 = 14

7 + 7 = 14
6 + 8 = 14
5 + 9 = 14

---

10 만들어 받아올림

11이 되는 수

5 + 6 = 11
4 + 7 = 11
3 + 8 = 11
2 + 9 = 11

5 + 6 = 11
4 + 7 = 11
3 + 8 = 11
2 + 9 = 11

12가 되는 수

6 + 6 = 12
5 + 7 = 12
4 + 8 = 12
3 + 9 = 12

6 + 6 = 12
5 + 7 = 12
4 + 8 = 12
3 + 9 = 12

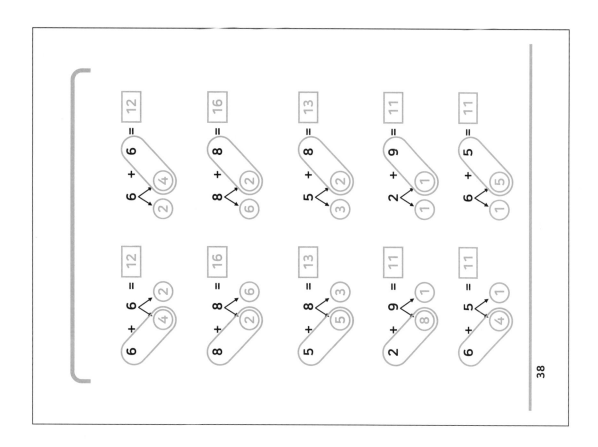

10 만들어 받아올림

15가 되는 수

7 + 8 = 15

6 + 9 = 15

7 + 8 = 15

6 + 9 = 15

16이 되는 수

8 + 8 = 16

7 + 9 = 16

8 + 8 = 16

7 + 9 = 16

17이 되는 수

8 + 9 = 17

8 + 9 = 17

18이 되는 수

9 + 9 = 18

9 + 9 = 18

---

6 + 6 = 12

8 + 8 = 16

5 + 8 = 13

2 + 9 = 11

6 + 5 = 11

6 + 6 = 12

8 + 8 = 16

5 + 8 = 13

2 + 9 = 11

6 + 5 = 11

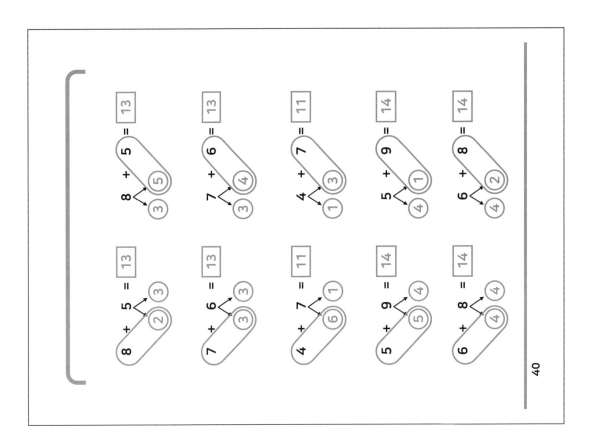

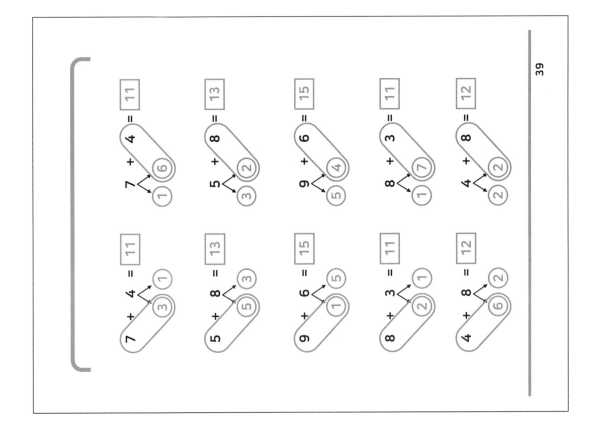

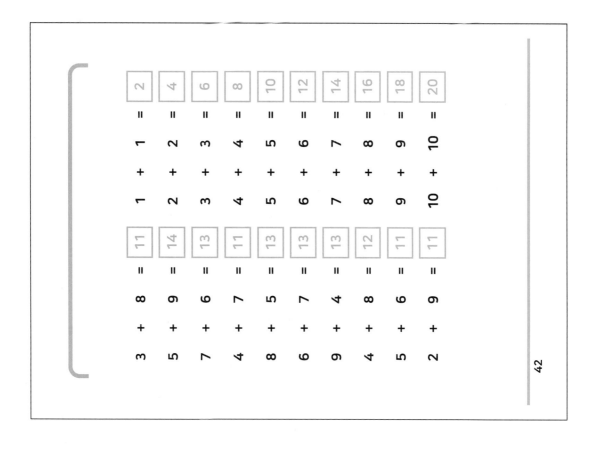

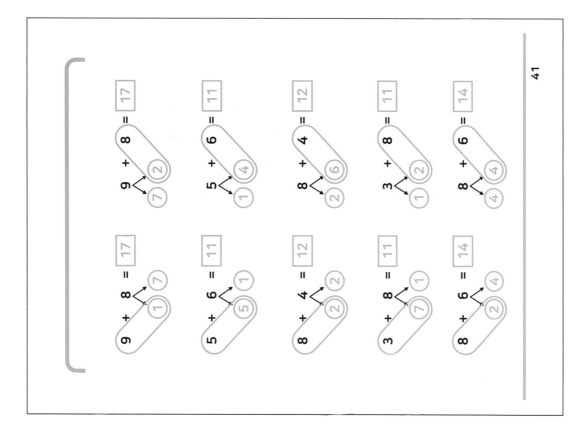

$1 + 1 = 2$

$2 + 2 = 4$

$3 + 3 = 6$

$4 + 4 = 8$

$5 + 5 = 10$

$6 + 6 = 12$

$7 + 7 = 14$

$8 + 8 = 16$

$9 + 9 = 18$

$10 + 10 = 20$

$3 + 8 = 11$

$5 + 9 = 14$

$7 + 6 = 13$

$4 + 7 = 11$

$8 + 5 = 13$

$6 + 7 = 13$

$9 + 4 = 13$

$4 + 8 = 12$

$5 + 6 = 11$

$2 + 9 = 11$

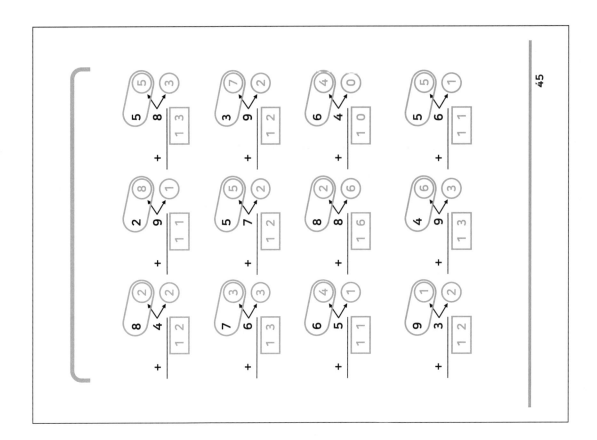

2 + 9 = 11 6 + 6 = 12

9 + 3 = 12 7 + 7 = 14

3 + 8 = 11 8 + 8 = 16

7 + 4 = 11 9 + 9 = 18

4 + 8 = 12 5 + 6 = 11

9 + 4 = 13 6 + 7 = 13

5 + 6 = 11 7 + 8 = 15

7 + 5 = 12 9 + 7 = 16

5 + 8 = 13 8 + 9 = 17

9 + 5 = 14 9 + 3 = 12

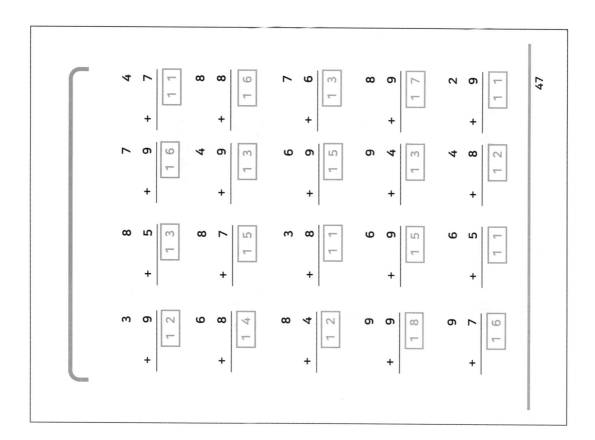

47

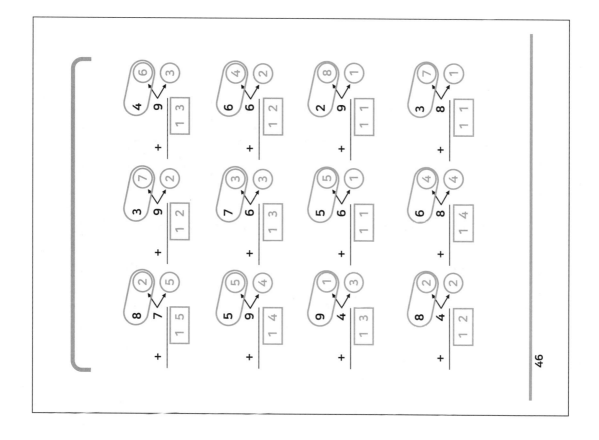

46

10 만들어 받아올림

11 만들기

$5 + 6 = 11$
$4 + 7 = 11$
$3 + 8 = 11$
$2 + 9 = 11$

12 만들기

$6 + 6 = 12$
$5 + 7 = 12$
$4 + 8 = 12$
$3 + 9 = 12$

13 만들기

$6 + 7 = 13$
$5 + 8 = 13$
$4 + 9 = 13$

14 만들기

$7 + 7 = 14$
$6 + 8 = 14$
$5 + 9 = 14$

15 만들기

$7 + 8 = 15$
$6 + 9 = 15$

16 만들기

$8 + 8 = 16$
$7 + 9 = 16$

17 만들기

$8 + 9 = 17$

18 만들기

$9 + 9 = 18$

19 만들기

$9 + 10 = 19$

$8 + 6 = 14$ $5 + 9 = 14$ $6 + 6 = 12$ $9 + 9 = 18$
$4 + 9 = 13$ $3 + 8 = 11$ $7 + 7 = 14$ $7 + 9 = 16$
$7 + 6 = 13$ $4 + 7 = 11$ $8 + 6 = 14$ $5 + 7 = 12$
$5 + 6 = 11$ $7 + 8 = 15$ $9 + 6 = 15$ $8 + 9 = 17$
$8 + 4 = 12$ $5 + 8 = 13$ $4 + 9 = 13$ $9 + 3 = 12$

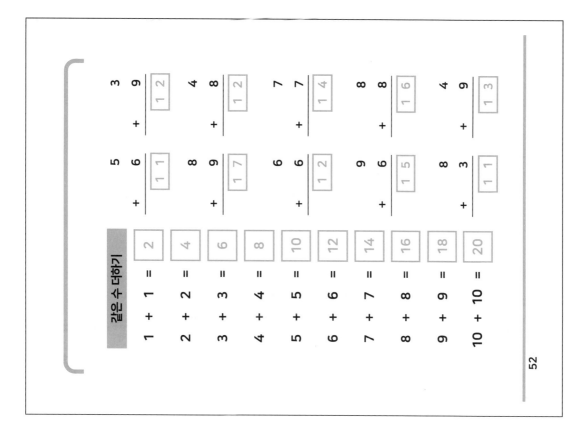

페이지 52

같은 수 더하기

1 + 1 = 2
2 + 2 = 4
3 + 3 = 6
4 + 4 = 8
5 + 5 = 10
6 + 6 = 12
7 + 7 = 14
8 + 8 = 16
9 + 9 = 18
10 + 10 = 20

5 + 6 = [11]		3 + 9 = [12]
8 + 9 = [17]		4 + 8 = [12]
6 + 6 = [12]		7 + 7 = [14]
9 + 6 = [15]		8 + 8 = [16]
8 + 3 = [11]		4 + 9 = [13]

페이지 51

10 만들어 받아올림

9 더하기

9 + 9 = 18
9 + 8 = 17
9 + 7 = 16
9 + 6 = 15
9 + 5 = 14
9 + 4 = 13
9 + 3 = 12
9 + 2 = 11

같은 수 더하기

6 + 6 = 12
7 + 7 = 14
8 + 8 = 16
9 + 9 = 18

6 더하기

6 + 6 = 12
6 + 5 = 11

7 더하기

7 + 7 = 14
7 + 6 = 13
7 + 5 = 12
7 + 4 = 11

8 더하기

8 + 8 = 16
8 + 7 = 15
8 + 6 = 14
8 + 5 = 13
8 + 4 = 12
8 + 3 = 11

53

$9 + 8 = 17$ $8 + 4 = 12$ $2 + 9 = 11$

$9 + 8 = 17$ ...

Column additions:

$\begin{array}{r} 8 \\ 4 \\ + \\ \hline 12 \end{array}$ $\begin{array}{r} 9 \\ 3 \\ + \\ \hline 12 \end{array}$

$\begin{array}{r} 8 \\ 8 \\ + \\ \hline 16 \end{array}$ $\begin{array}{r} 9 \\ 8 \\ + \\ \hline 17 \end{array}$

$\begin{array}{r} 4 \\ 7 \\ + \\ \hline 11 \end{array}$ $\begin{array}{r} 9 \\ 9 \\ + \\ \hline 18 \end{array}$

$\begin{array}{r} 9 \\ 6 \\ + \\ \hline 15 \end{array}$ $\begin{array}{r} 7 \\ 8 \\ + \\ \hline 15 \end{array}$

$\begin{array}{r} 4 \\ 9 \\ + \\ \hline 13 \end{array}$ $\begin{array}{r} 8 \\ 5 \\ + \\ \hline 13 \end{array}$

$2 + 9 = 11$
$6 + 8 = 14$
$5 + 7 = 12$
$3 + 9 = 12$
$6 + 6 = 12$
$7 + 4 = 11$
$6 + 5 = 11$
$5 + 9 = 14$
$7 + 6 = 13$
$4 + 9 = 13$

54

Column additions:

$\begin{array}{r} 7 \\ 8 \\ + \\ \hline 15 \end{array}$ $\begin{array}{r} 5 \\ 6 \\ + \\ \hline 11 \end{array}$

$\begin{array}{r} 8 \\ 3 \\ + \\ \hline 11 \end{array}$ $\begin{array}{r} 5 \\ 9 \\ + \\ \hline 14 \end{array}$

$\begin{array}{r} 8 \\ 8 \\ + \\ \hline 16 \end{array}$ $\begin{array}{r} 9 \\ 9 \\ + \\ \hline 18 \end{array}$

$\begin{array}{r} 6 \\ 8 \\ + \\ \hline 14 \end{array}$ $\begin{array}{r} 8 \\ 7 \\ + \\ \hline 15 \end{array}$

$\begin{array}{r} 9 \\ 7 \\ + \\ \hline 16 \end{array}$ $\begin{array}{r} 7 \\ 5 \\ + \\ \hline 12 \end{array}$

$4 + 8 = 12$
$6 + 9 = 15$
$5 + 7 = 12$
$3 + 9 = 12$
$6 + 8 = 14$
$4 + 7 = 11$
$7 + 5 = 12$
$5 + 9 = 14$
$6 + 7 = 13$
$4 + 9 = 13$

Page 57

16 − 7 = 9 ③		15 − 6 = 9 ④
16 − 9 = 7 ①		15 − 9 = 6 ①
16 − 8 = 8 ②		15 − 7 = 8 ③
17 − 8 = 9 ②		15 − 8 = 7 ②
17 − 9 = 8 ①		18 − 9 = 9 ①
13 − 8 = 5 ②		12 − 4 = 8 ⑥
12 − 6 = 6 ④		11 − 3 = 8 ⑦
14 − 7 = 7 ③		13 − 5 = 8 ⑤

Page 56

12 − 3 = 9 ⑦		11 − 2 = 9 ⑧
12 − 5 = 7 ⑤		11 − 4 = 7 ⑥
12 − 7 = 5 ③		11 − 6 = 5 ④
12 − 9 = 3 ①		11 − 8 = 3 ②
14 − 5 = 9 ⑤		13 − 4 = 9 ⑥
14 − 8 = 6 ②		13 − 7 = 6 ③
14 − 6 = 8 ④		13 − 5 = 8 ⑤
14 − 7 = 7 ③		13 − 9 = 4 ①

$12 - 8 = 4$

$15 - 7 = 8$

$14 - 8 = 6$

$13 - 6 = 7$

$17 - 9 = 8$

$11 - 8 = 3$

$14 - 5 = 9$

$13 - 8 = 5$

$16 - 9 = 7$

$12 - 7 = 5$

$16 - 9 = 7$ ①

$13 - 4 = 9$ ⑥

$12 - 6 = 6$ ④

$13 - 5 = 8$ ⑤

$17 - 9 = 8$ ①

$11 - 7 = 4$ ③

$12 - 3 = 9$ ⑦

$11 - 9 = 2$ ①

$13 - 4 = 9$ ⑥

$15 - 6 = 9$ ④

$12 - 7 = 5$ ③

$14 - 5 = 9$ ⑤

$17 - 8 = 9$ ②

$16 - 7 = 9$ ③

$17 - 9 = 8$ ①

$12 - 5 = 7$ ⑤

$14 - 6 = 8$ ④

$12 - 4 = 8$ ⑥

$15 - 9 = 6$ ①

$11 - 8 = 3$ ②

$13 - 6 = 7$ ④

$18 - 9 = 9$ ①

$16 - 8 = 8$ ②

$11 - 5 = 6$ ⑤

Page 60

17 − 8 = [9]
11 − 5 = [6]
13 − 9 = [4]
14 − 6 = [8]
15 − 8 = [7]
12 − 7 = [5]
11 − 4 = [7]
13 − 8 = [5]
14 − 5 = [9]
11 − 9 = [2]

15 − 9 = [6] (1)
12 − 7 = [5] (3)
11 − 3 = [8] (7)
16 − 8 = [8] (2)
12 − 9 = [3] (1)
18 − 9 = [9] (1)
14 − 8 = [6] (2)
13 − 9 = [4] (1)

Page 61

15 − 9 = [6]
11 − 8 = [3]
16 − 8 = [8]
12 − 5 = [7]
13 − 9 = [4]
17 − 8 = [9]
14 − 7 = [7]
12 − 9 = [3]
12 − 6 = [6]
11 − 9 = [2]

13 − 6 = [7]
12 − 8 = [4]
15 − 6 = [9]
11 − 7 = [4]
16 − 9 = [7]
14 − 8 = [6]
17 − 9 = [8]
11 − 9 = [2]
18 − 9 = [9]
13 − 8 = [5]

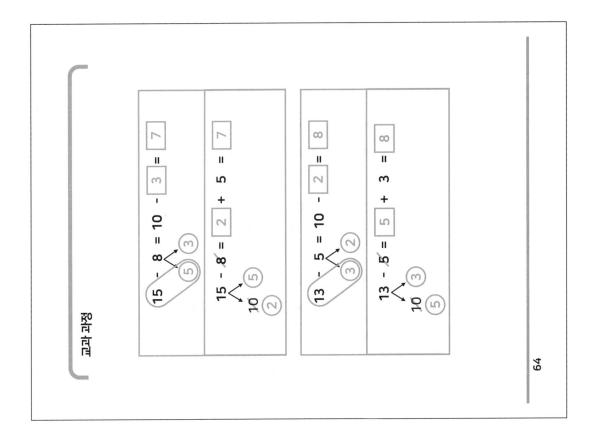

$$12 - 7 = 10 - 5 = 5$$

$$12 - 7 = 3 + 2 = 5$$

$$14 - 6 = 10 - 2 = 8$$

$$14 - 6 = 4 + 4 = 8$$

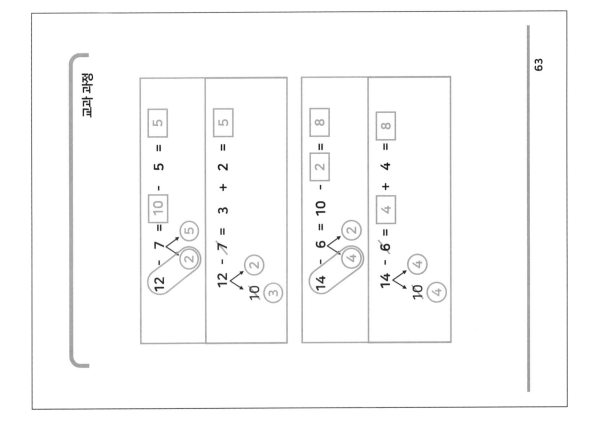

$$15 - 8 = 10 - 3 = 7$$

$$15 - 8 = 2 + 5 = 7$$

$$13 - 5 = 10 - 2 = 8$$

$$13 - 5 = 5 + 3 = 8$$

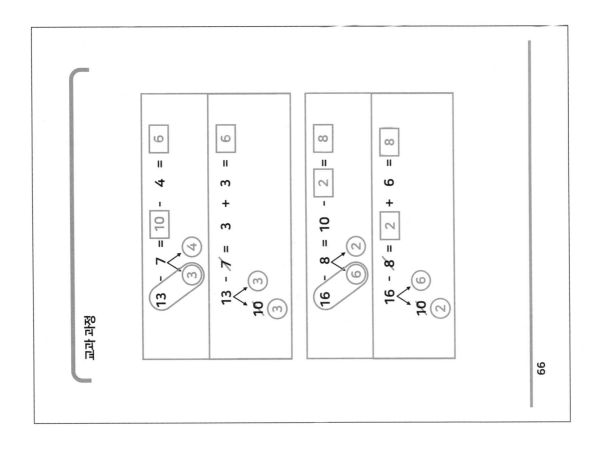

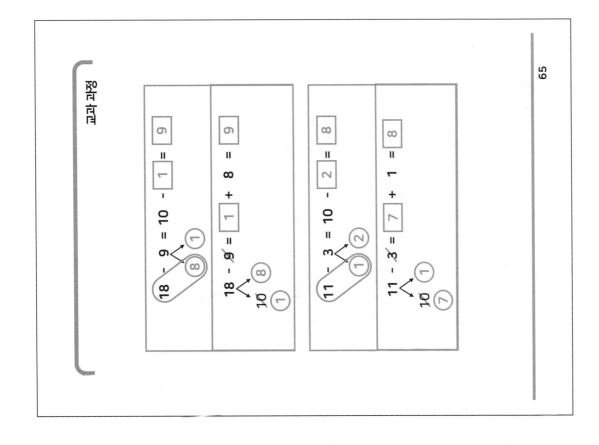

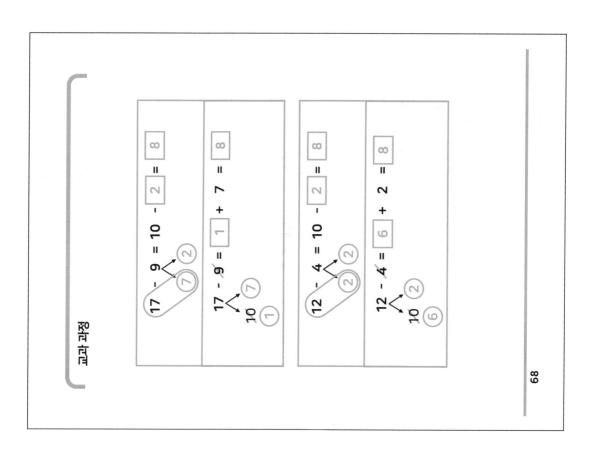

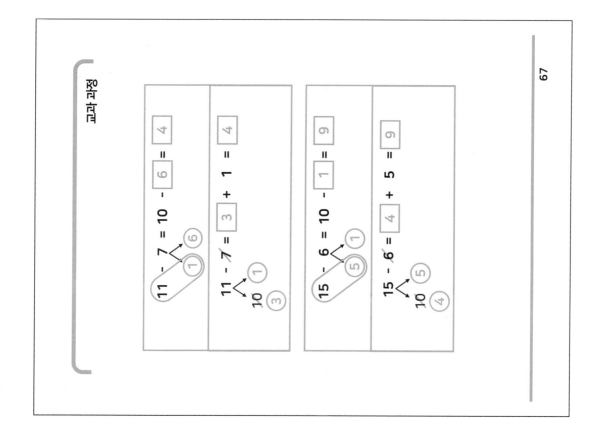

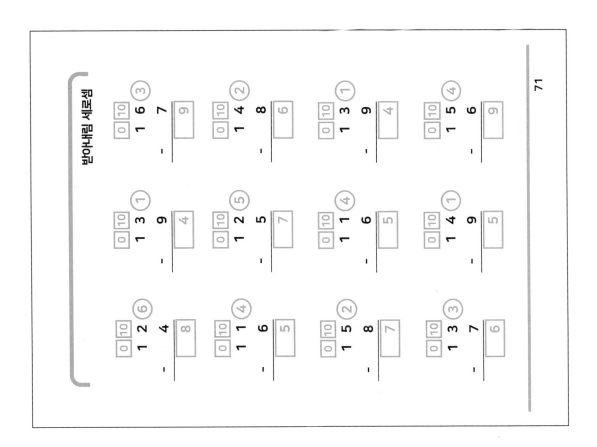

받아내림 세로셈

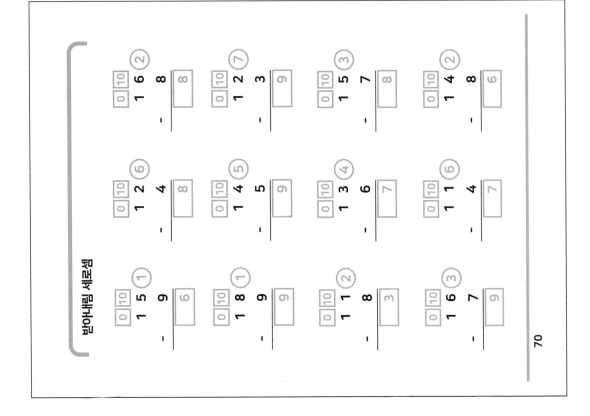

받아내림 세로셈

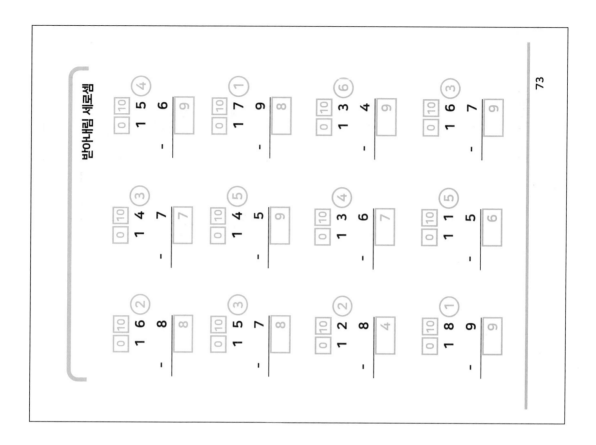

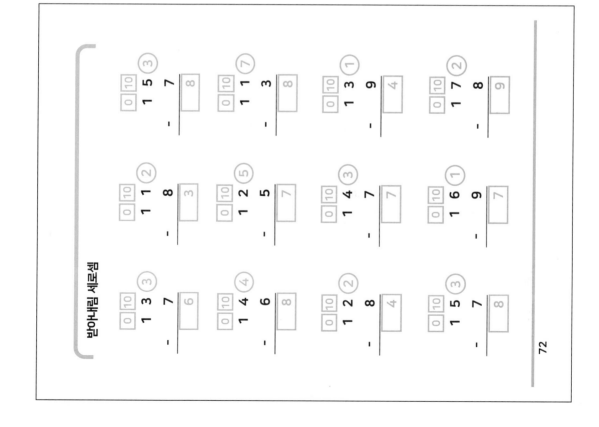

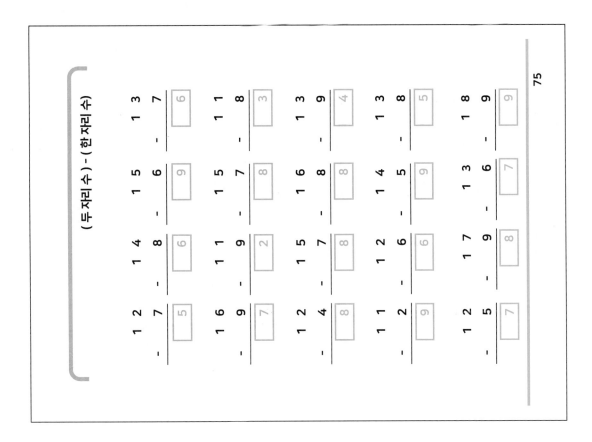

(두 자리 수) - (한 자리 수)

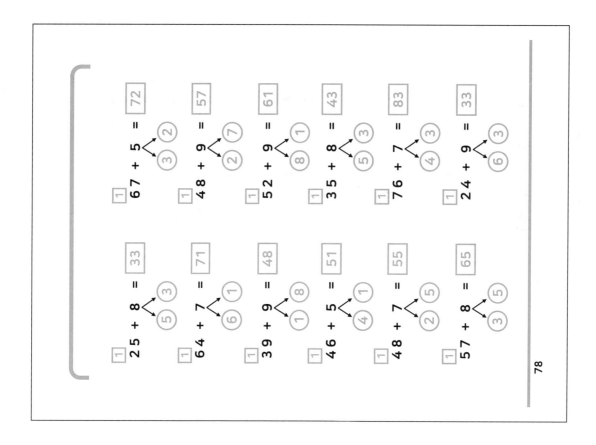

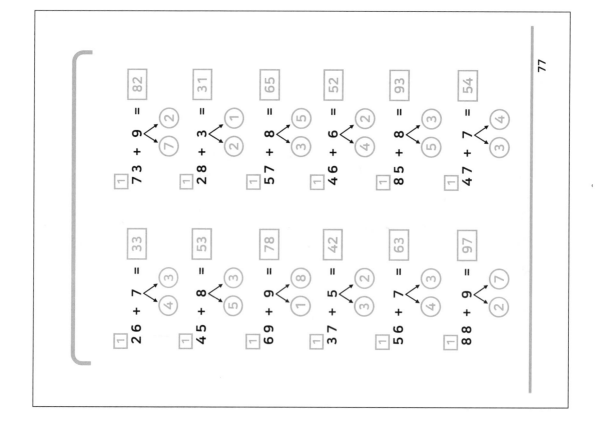

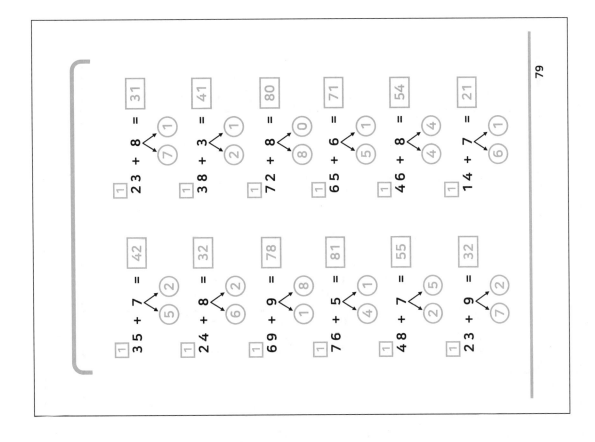

82

84 + 9 = 93 35 + 6 = 41

27 + 6 = 33 49 + 7 = 56

15 + 8 = 23 62 + 8 = 70

46 + 7 = 53 52 + 9 = 61

68 + 3 = 71 14 + 8 = 22

79 + 4 = 83 29 + 6 = 35

35 + 8 = 43 67 + 7 = 74

54 + 9 = 63 88 + 5 = 93

27 + 5 = 32 36 + 8 = 44

81

1	58 + 7 = 65	(2) (5)	74 + 9 = 83
1	19 + 6 = 25	(1) (5)	53 + 8 = 61
1	36 + 7 = 43	(4) (3)	28 + 7 = 35
1	49 + 8 = 57	(1) (7)	45 + 8 = 53
1	64 + 8 = 72	(6) (2)	36 + 9 = 45
1	72 + 9 = 81	(8) (1)	26 + 7 = 33

87 + 3 = 90

14 + 8 = 22

35 + 6 = 41

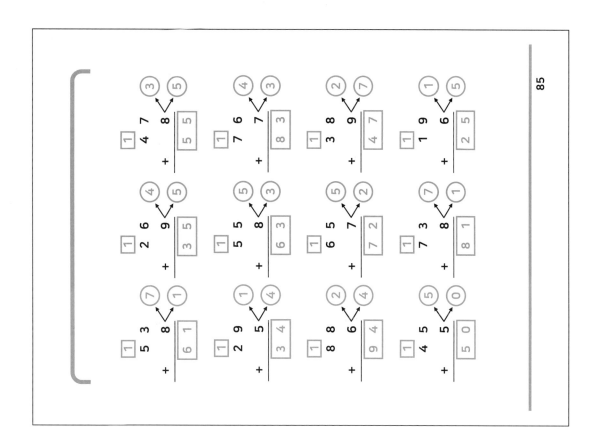

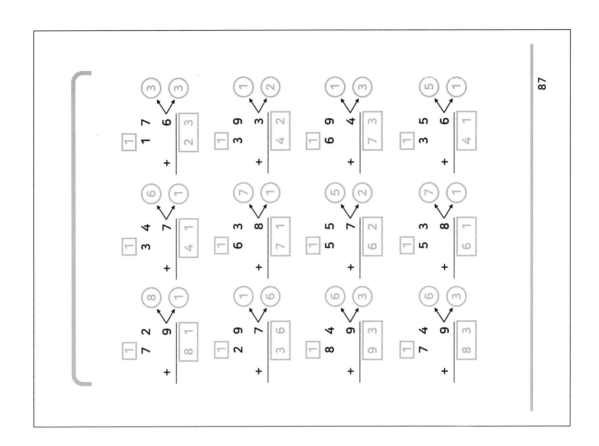

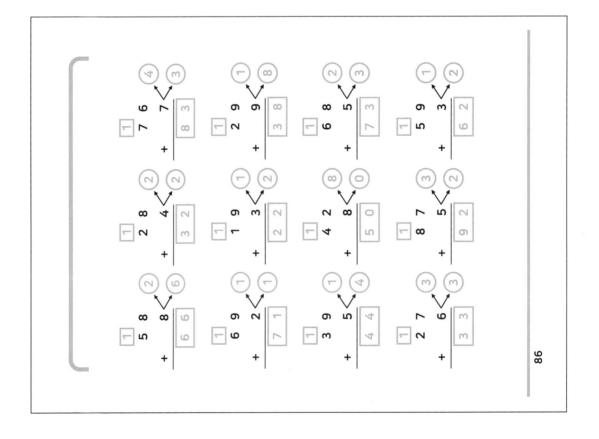

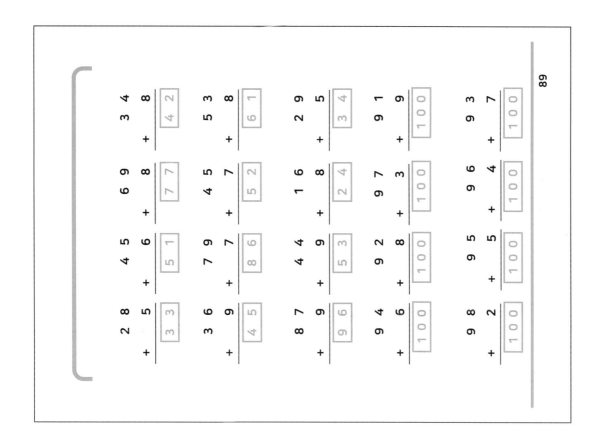

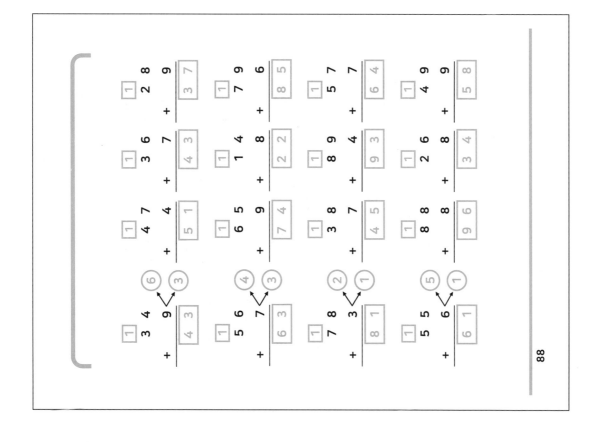

Page 91

5 3 + 8 [6 1]	7 4 + 9 [8 1]	45 + 9 = [54]
4 5 + 8 [5 3]	2 8 + 8 [3 6]	76 + 7 = [83]
2 6 + 7 [3 3]	3 6 + 9 [4 5]	28 + 8 = [36]
1 4 + 8 [2 2]	8 7 + 3 [9 0]	35 + 9 = [44]
6 3 + 9 [7 2]	5 8 + 7 [6 5]	17 + 8 = [25]
		52 + 9 = [61]
		64 + 8 = [72]
		77 + 7 = [84]
		48 + 5 = [53]
		29 + 3 = [32]
		85 + 6 = [91]

Page 90

8 3 + 7 [9 0]	6 9 + 5 [7 4]	22 + 9 = [31]
2 4 + 8 [3 2]	5 7 + 5 [6 2]	76 + 5 = [81]
5 9 + 3 [6 2]	7 6 + 4 [8 0]	84 + 8 = [92]
7 6 + 6 [8 2]	2 8 + 4 [3 2]	35 + 7 = [42]
6 2 + 9 [7 1]	4 5 + 8 [5 3]	47 + 8 = [55]
		68 + 4 = [72]
		55 + 8 = [63]
		13 + 9 = [22]
		76 + 6 = [82]
		49 + 4 = [53]
		87 + 6 = [93]

Page 94

$32 - 6 = 26$

$58 - 9 = 49$

$91 - 2 = 89$

$42 - 6 = 36$

$26 - 9 = 17$

$62 - 8 = 54$

$81 - 5 = 76$

$73 - 4 = 69$

$90 - 7 = 83$

$80 - 6 = 74$

$50 - 2 = 48$

$30 - 8 = 22$

$60 - 1 = 59$

$20 - 3 = 17$

$70 - 5 = 65$

$40 - 4 = 36$

Page 93

$42 - 5 = 37$

$38 - 9 = 29$

$91 - 4 = 87$

$23 - 6 = 17$

$66 - 7 = 59$

$52 - 8 = 44$

$71 - 6 = 65$

$83 - 5 = 78$

$20 - 7 = 13$

$30 - 4 = 26$

$40 - 5 = 35$

$50 - 6 = 44$

$60 - 1 = 59$

$70 - 3 = 67$

$80 - 2 = 78$

$90 - 4 = 86$

Page 96

25 − 6 = $\boxed{19}$

36 − 8 = $\boxed{28}$

74 − 6 = $\boxed{68}$

53 − 4 = $\boxed{49}$

21 − 7 = $\boxed{14}$

76 − 9 = $\boxed{67}$

61 − 2 = $\boxed{59}$

87 − 8 = $\boxed{79}$

47 − 9 = $\boxed{38}$

[1] 25 − 9 = $\boxed{16}$ ①

[2] 34 − 6 = $\boxed{28}$ ④

[3] 46 − 8 = $\boxed{38}$ ②

[5] 61 − 4 = $\boxed{57}$ ⑥

[5] 66 − 7 = $\boxed{59}$ ③

[6] 70 − 8 = $\boxed{62}$ ②

[4] 51 − 9 = $\boxed{42}$ ①

[1] 23 − 5 = $\boxed{18}$ ⑤

Page 95

41 − 4 = $\boxed{37}$

98 − 9 = $\boxed{89}$

52 − 5 = $\boxed{47}$

45 − 8 = $\boxed{37}$

83 − 9 = $\boxed{74}$

65 − 7 = $\boxed{58}$

34 − 8 = $\boxed{26}$

70 − 3 = $\boxed{67}$

53 − 4 = $\boxed{49}$

[4] 52 − 7 = $\boxed{45}$ ③

[5] 63 − 8 = $\boxed{55}$ ②

[3] 45 − 9 = $\boxed{36}$ ①

[4] 55 − 6 = $\boxed{49}$ ④

[1] 24 − 8 = $\boxed{16}$ ②

[7] 87 − 8 = $\boxed{79}$ ②

[6] 92 − 5 = $\boxed{87}$ ⑤

[6] 74 − 7 = $\boxed{67}$ ③

$$20 - 7 = 13 \quad ③$$
$$50 - 8 = 42 \quad ②$$
$$80 - 6 = 74 \quad ④$$

$$30 - 6 = 24 \quad ④$$
$$70 - 5 = 65 \quad ⑤$$
$$60 - 4 = 56 \quad ⑥$$

$$90 - 5 = 85 \quad ⑤$$
$$50 - 6 = 44 \quad ④$$
$$40 - 9 = 31 \quad ①$$

$$87 - 9 = 78 \quad ①$$
$$95 - 7 = 88 \quad ③$$
$$46 - 8 = 38 \quad ②$$

$$50 - 3 = 47 \qquad 55 - 7 = 48$$
$$46 - 9 = 37 \qquad 80 - 2 = 78$$
$$62 - 8 = 54 \qquad 42 - 5 = 37$$
$$73 - 6 = 67 \qquad 78 - 9 = 69$$
$$35 - 7 = 28 \qquad 63 - 6 = 57$$
$$84 - 8 = 76 \qquad 20 - 4 = 16$$
$$24 - 6 = 18 \qquad 44 - 7 = 37$$
$$95 - 8 = 87 \qquad 81 - 3 = 78$$
$$47 - 8 = 39 \qquad 32 - 9 = 23$$

① 30 − 9 = 21

④ 80 − 6 = 74

⑥ 91 − 4 = 87

① 52 − 9 = 43

② 57 − 8 = 49

① 56 − 9 = 47

③ 62 − 7 = 55

④ 82 − 6 = 76

④ 24 − 6 = 18

⑥ 92 − 4 = 88

② 35 − 8 = 27

③ 43 − 7 = 36

⑤ 43 − 5 = 38

④ 72 − 6 = 56

① 58 − 9 = 49

⑤ 32 − 5 = 27

③ 62 − 7 = 55

① 18 − 9 = 9

⑤ 94 − 5 = 89

⑤ 80 − 5 = 75

① 38 − 9 = 29

③ 56 − 7 = 49

② 23 − 8 = 15

① 74 − 9 = 65

Page 102

4 0 − 7 [3 3]	7 0 − 3 [6 7]	2 0 − 8 [1 2]	³⁄₁₀ 4 ⑧ − 9 [3 9]
5 0 − 2 [4 8]	9 0 − 8 [8 2]	6 0 − 8 [5 2]	¹⁄₁₀ 2 ④ − 6 [1 7]
8 3 − 4 [7 9]	2 5 − 8 [1 7]	3 3 − 6 [2 7]	⁴⁄₁₀ 5 ① − 9 [4 8]
6 8 − 9 [5 9]	3 4 − 7 [2 7]	4 1 − 5 [3 6]	⁸⁄₁₀ 9 ② − 8 [8 7]
2 3 − 9 [1 4]	9 6 − 7 [8 9]	7 1 − 5 [6 6]	²⁄₁₀ 3 ⑦ − 3 [2 9]

Page 103

2 5 − 7 [1 8]	3 3 − 7 [2 6]	5 6 − 8 [4 8]	4 2 − 9 [3 3]
8 6 − 7 [7 9]	7 3 − 8 [6 5]	6 4 − 9 [5 5]	8 0 − 6 [7 4]
4 3 − 8 [3 5]	5 2 − 7 [4 5]	9 0 − 8 [8 2]	3 2 − 8 [2 4]
7 0 − 3 [6 7]	4 1 − 5 [3 6]	3 7 − 9 [2 8]	2 5 − 6 [1 9]
2 1 − 8 [1 3]	3 3 − 6 [2 7]	5 2 − 5 [4 7]	6 8 − 9 [5 9]

(두자리수) + (두자리수)

84 + 13 = 97   17 + 62 = 79
26 + 52 = 78   20 + 53 = 73
47 + 31 = 78   57 + 40 = 97
62 + 24 = 86   43 + 22 = 65
31 + 17 = 48   16 + 70 = 86
28 + 21 = 49   64 + 35 = 99
44 + 53 = 97   37 + 42 = 79
83 + 13 = 96   71 + 13 = 84
72 + 16 = 88   82 + 17 = 99
54 + 34 = 88   65 + 14 = 79

(두자리수) + (두자리수)

80 + 10 = 90   18 + 60 = 78
20 + 50 = 70   24 + 50 = 74
40 + 30 = 70   53 + 40 = 93
60 + 20 = 80   46 + 20 = 66
30 + 10 = 40   12 + 70 = 82
50 + 20 = 70   60 + 38 = 98
40 + 50 = 90   30 + 45 = 75
10 + 70 = 80   70 + 19 = 89
70 + 30 = 100   80 + 12 = 92
90 + 10 = 100   60 + 37 = 97

108

27 + 12 = 39   42 + 41 = 83
45 + 30 = 75   23 + 21 = 44
38 + 11 = 49   76 + 23 = 99
56 + 22 = 78   35 + 32 = 67
13 + 50 = 63   61 + 35 = 96
62 + 35 = 97   57 + 11 = 68
24 + 23 = 47   12 + 83 = 95
80 + 19 = 99   28 + 61 = 89
13 + 15 = 28   40 + 40 = 80
65 + 32 = 97   53 + 22 = 75

107

43 + 12 = 55   52 + 35 = 87
65 + 20 = 85   44 + 13 = 57
36 + 32 = 68   66 + 22 = 88
12 + 44 = 56   45 + 54 = 99
54 + 23 = 77   13 + 32 = 45
36 + 12 = 48   27 + 60 = 87
28 + 71 = 99   11 + 68 = 79
20 + 43 = 63   25 + 71 = 96
17 + 62 = 79   70 + 10 = 80
31 + 53 = 84   33 + 22 = 55

< 세로셈 >

110

52 + 27 = 79	31 + 46 = 77	77 + 12 = 89	80 + 13 = 93
44 + 25 = 69	26 + 31 = 57	16 + 43 = 59	50 + 38 = 88
34 + 64 = 98	23 + 36 = 59	43 + 14 = 57	57 + 22 = 79
45 + 24 = 69	12 + 36 = 48	20 + 35 = 55	76 + 12 = 88
83 + 13 = 96	54 + 32 = 86	66 + 12 = 78	21 + 48 = 69

< 세로셈 >

109

40 + 20 = 60	30 + 50 = 80	80 + 10 = 90	20 + 60 = 80
70 + 20 = 90	30 + 30 = 60	10 + 40 = 50	40 + 30 = 70
80 + 20 = 100	50 + 50 = 100	90 + 10 = 100	60 + 40 = 100
30 + 25 = 55	40 + 47 = 87	30 + 68 = 98	70 + 19 = 89
63 + 20 = 83	15 + 50 = 65	42 + 30 = 72	56 + 20 = 76

$90 - 40 = 50$ $80 - 50 = 30$

$50 - 20 = 30$ $30 - 20 = 10$

$60 - 30 = 30$ $70 - 10 = 60$

$70 - 50 = 20$ $90 - 50 = 40$

$80 - 60 = 20$ $40 - 30 = 10$

$20 - 10 = 10$ $60 - 40 = 20$

$40 - 20 = 20$ $50 - 30 = 20$

$30 - 10 = 20$ $80 - 70 = 10$

$60 - 30 = 30$ $70 - 40 = 30$

$100 - 20 = 80$ $100 - 10 = 90$

< 세로셈 >

```
  4 2      2 1      2 8      7 5
+ 2 7    + 3 6    + 5 1    + 1 3
-----    -----    -----    -----
  6 9      5 7      7 9      8 8

  7 4      3 6      5 6      2 0
+ 1 5    + 3 1    + 4 3    + 5 8
-----    -----    -----    -----
  8 9      6 7      9 9      7 8

  6 5      2 3      4 2      5 7
+ 3 2    + 1 1    + 4 3    + 2 2
-----    -----    -----    -----
  9 7      3 4      8 5      7 9

  3 0      5 2      1 3      2 9
+ 5 4    + 1 6    + 3 4    + 7 0
-----    -----    -----    -----
  8 4      6 8      4 7      9 9

  1 6      1 4      4 5      6 1
+ 1 3    + 3 4    + 1 2    + 3 4
-----    -----    -----    -----
  2 9      4 8      5 7      9 5
```

115

56 − 33 = 23   35 − 22 = 13

27 − 15 = 12   29 − 13 = 16

38 − 26 = 12   47 − 21 = 26

85 − 34 = 51   58 − 32 = 26

66 − 23 = 43   79 − 45 = 34

55 − 12 = 43   86 − 53 = 33

49 − 27 = 22   65 − 45 = 20

63 − 11 = 52   99 − 74 = 25

92 − 61 = 31   38 − 16 = 22

79 − 46 = 33   47 − 25 = 22

114

27 − 15 = 12   86 − 36 = 50

86 − 32 = 54   74 − 22 = 52

45 − 21 = 24   56 − 30 = 26

98 − 74 = 24   89 − 45 = 44

65 − 55 = 10   62 − 51 = 11

39 − 16 = 23   88 − 66 = 22

74 − 23 = 51   27 − 15 = 12

43 − 12 = 31   33 − 11 = 22

56 − 23 = 33   46 − 26 = 20

95 − 44 = 51   97 − 73 = 24

< 세로셈 >

80 − 30 = 50	70 − 10 = 60	90 − 50 = 40	60 − 60 = 0
40 − 30 = 10	50 − 20 = 30	30 − 10 = 20	80 − 40 = 40
65 − 40 = 15	99 − 60 = 39	48 − 20 = 28	55 − 30 = 25
74 − 50 = 24	26 − 10 = 16	87 − 30 = 57	92 − 60 = 32
98 − 60 = 38	63 − 40 = 23	54 − 10 = 44	46 − 20 = 26

---

41 − 31 = 10　　84 − 32 = 52

29 − 15 = 14　　59 − 13 = 46

48 − 26 = 22　　48 − 21 = 27

86 − 34 = 52　　67 − 32 = 35

36 − 23 = 13　　79 − 56 = 23

52 − 12 = 40　　26 − 13 = 13

99 − 27 = 72　　68 − 44 = 24

64 − 11 = 53　　97 − 75 = 22

72 − 61 = 11　　53 − 11 = 42

59 − 56 = 3　　46 − 42 = 4

< 세로셈 >

73	64	23	56
− 41	− 22	− 10	− 25
32	42	13	31

32	78	99	45
− 31	− 14	− 23	− 42
1	64	76	3

47	99	65	36
− 23	− 61	− 24	− 10
24	38	41	26

56	85	78	64
− 14	− 72	− 36	− 63
42	13	42	1

68	56	48	95
− 42	− 26	− 17	− 34
26	30	31	61

< 세로셈 >

63	54	83	46
− 41	− 22	− 30	− 25
22	32	53	21

72	88	29	75
− 31	− 14	− 13	− 42
41	74	16	33

47	99	65	36
− 23	− 61	− 24	− 10
24	38	41	26

58	66	78	85
− 23	− 56	− 24	− 34
35	10	54	51

39	45	96	67
− 17	− 33	− 62	− 53
22	12	34	14

34 + 25 = 34 + [20] + 5
20   5 = [54] + 5
= [59]

34 + 25 = 30 + (4) + 20 + (5)
30 4 20 5 = [50] + 9
= [59]

52 + 17 = 52 + [10] + 7
10   7 = [62] + 7
= [69]

52 + 17 = 50 + (2) + 10 + (7)
50 2 10 7 = [60] + 9
= [69]

52 + 42 = 52 + [40] + 2
40   2 = [92] + 2
= [94]

52 + 42 = 50 + (2) + 40 + (2)
50 2 40 2 = [90] + 4
= [94]

36 + 62 = 36 + [60] + 2
60   2 = [96] + 2
= [98]

36 + 62 = 30 + (6) + 60 + (2)
30 6 60 2 = [90] + 8
= [98]

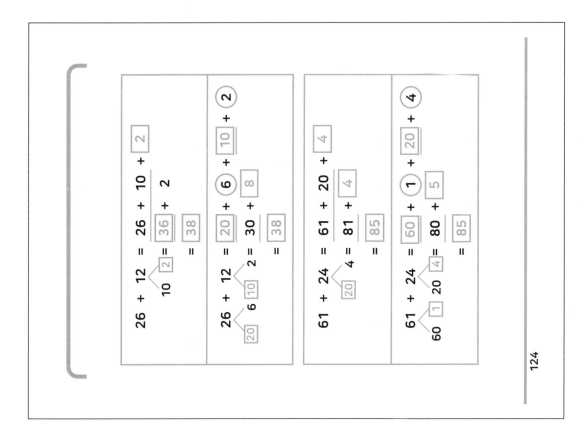

$$26 + 12 = 26 + 10 + 2$$
$$10 \quad 2 \qquad = 36 + 2$$
$$= 38$$

$$26 + 12 = 20 + 6 + 10 + 2$$
$$20 \; 6 \; 10 \; 2 \qquad = 20 + 30 + 8$$
$$= 38$$

$$61 + 24 = 61 + 20 + 4$$
$$20 \quad 4 \qquad = 81 + 4$$
$$= 85$$

$$61 + 24 = 60 + 1 + 20 + 4$$
$$60 \; 1 \; 20 \; 4 \qquad = 60 + 80 + 5$$
$$= 85$$

$$75 + 13 = 75 + 10 + 3$$
$$10 \quad 3 \qquad = 85 + 3$$
$$= 88$$

$$75 + 13 = 70 + 5 + 10 + 3$$
$$70 \; 5 \; 10 \; 3 \qquad = 70 + 80 + 8$$
$$= 88$$

$$43 + 26 = 43 + 20 + 6$$
$$20 \quad 6 \qquad = 63 + 6$$
$$= 69$$

$$43 + 26 = 40 + 3 + 20 + 6$$
$$40 \; 3 \; 20 \; 6 \qquad = 40 + 60 + 9$$
$$= 69$$

$$46 - 24 = 46 - \boxed{20} - 4$$
$$\underset{20 \quad 4}{} = \boxed{26} - 4$$
$$= \boxed{22}$$

$$46 - 24 = 40 + ⑥ - 20 - ④$$
$$\underset{40 \; 6 \; 20 \; 4}{} = \boxed{20} + 2$$
$$= \boxed{22}$$

$$78 - 53 = 78 - \boxed{50} - 3$$
$$\underset{50 \quad 3}{} = \boxed{28} - 3$$
$$= \boxed{25}$$

$$78 - 53 = 70 + ⑧ - 50 - ③$$
$$\underset{70 \; 8 \; 50 \; 3}{} = \boxed{20} + 5$$
$$= \boxed{25}$$

$$82 + 14 = 82 + \boxed{10} + \boxed{4}$$
$$\underset{10 \quad \boxed{4}}{} = \boxed{92} + 4$$
$$= \boxed{96}$$

$$82 + 14 = \boxed{80} + ② + \boxed{10} + ④$$
$$\underset{\boxed{80} \; 2 \; \boxed{10} \; 4}{} = \boxed{90} + 6$$
$$= \boxed{96}$$

$$65 + 32 = 65 + \boxed{30} + 2$$
$$\underset{\boxed{30} \quad 2}{} = \boxed{95} + 2$$
$$= \boxed{97}$$

$$65 + 32 = 60 + ⑤ + 30 + ②$$
$$\underset{60 \; \boxed{5} \; 30 \; \boxed{2}}{} = \boxed{90} + 7$$
$$= \boxed{97}$$

94 - 12 = 94 - [10] - 2
     10 2
       = [84] - 2
       = [82]

94 - 12 = 90 + (4) - [10] - (2)
     [90] 4 [10] 2
       = [80] + 2
       = [82]

87 - 43 = 87 - 40 - [3]
     [40] 3
       = [47] - 3
       = [44]

87 - 43 = 80 + (7) - 40 - (3)
     [80] [7] [40] 3
       = [40] + 4
       = [44]

---

52 - 31 = 52 - [30] - 1
     30 1
       = [22] - 1
       = [21]

52 - 31 = 50 + (2) - 30 - (1)
     50 2 30 1
       = [20] + 1
       = [21]

74 - 32 = 74 - [30] - 2
     30 2
       = 44 - [2]
       = [42]

74 - 32 = 70 + (4) - 30 - (2)
     70 4 30 2
       = [40] + 2
       = [42]

Page 131

$$59 - 37 = 59 - 30 - 7$$
$$30 \quad 7$$
$$= 29 - 7$$
$$= 22$$

$$59 - 37 = 50 + 9 - 30 - 7$$
$$50 \quad 9$$
$$= 20 + 2$$
$$= 22$$

$$65 - 24 = 65 - 20 - 4$$
$$20 \quad 4$$
$$= 45 - 4$$
$$= 41$$

$$65 - 24 = 60 + 5 - 20 - 4$$
$$60 \quad 5$$
$$= 40 + 1$$
$$= 41$$

Page 130

$$38 - 27 = 38 - 20 - 7$$
$$20 \quad 7$$
$$= 18 - 7$$
$$= 11$$

$$38 - 27 = 30 + 8 - 20 - 7$$
$$30 \quad 8$$
$$= 10 + 1$$
$$= 11$$

$$86 - 15 = 86 - 10 - 5$$
$$10 \quad 5$$
$$= 76 - 5$$
$$= 71$$

$$86 - 15 = 80 + 6 - 10 - 5$$
$$80 \quad 6$$
$$= 70 + 1$$
$$= 71$$

1 + 1 = 2   ①0 + ①0 = 20
2 + 2 = 4   ②0 + ②0 = 40
3 + 3 = 6   ③0 + ③0 = 60
4 + 4 = 8   ④0 + ④0 = 80
5 + 5 = 10   ⑤0 + ⑤0 = 100
6 + 6 = 12   ⑥0 + ⑥0 = 120
7 + 7 = 14   ⑦0 + ⑦0 = 140
8 + 8 = 16   ⑧0 + ⑧0 = 160
9 + 9 = 18   ⑨0 + ⑨0 = 180
10 + 10 = 20   ⑩0 + ⑩0 = 200

---

1 + 1 = 2
2 + 2 = 4
3 + 3 = 6
4 + 4 = 8
5 + 5 = 10
6 + 6 = 12
7 + 7 = 14
8 + 8 = 16
9 + 9 = 18

1 0   2 0
+ 1 0   + 2 0
-----   -----
  2 0   4 0

  3 0   4 0
+ 3 0   + 4 0
-----   -----
  6 0   8 0

  5 0   6 0
+ 5 0   + 6 0
-----   -----
1 0 0   1 2 0

  7 0   8 0
+ 7 0   + 8 0
-----   -----
1 4 0   1 6 0

  9 0
+ 9 0
-----
1 8 0

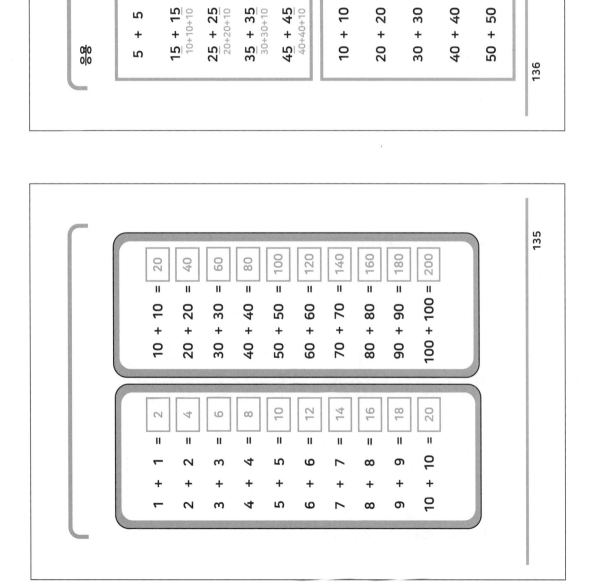

Page 136

$5 + 5 = 10$
$10 + 10 = 20$
$15 + 15 = 30$
$20 + 20 = 40$
$25 + 25 = 50$
$30 + 30 = 60$
$35 + 35 = 70$
$40 + 40 = 80$
$45 + 45 = 90$
$50 + 50 = 100$

$5 + 5 = 10$
$15 + 15 = 30$ (10+10+10)
$25 + 25 = 50$ (20+20+10)
$35 + 35 = 70$ (30+30+10)
$45 + 45 = 90$ (40+40+10)

$10 + 10 = 20$
$20 + 20 = 40$
$30 + 30 = 60$
$40 + 40 = 80$
$50 + 50 = 100$

136

Page 135

$10 + 10 = 20$
$20 + 20 = 40$
$30 + 30 = 60$
$40 + 40 = 80$
$50 + 50 = 100$
$60 + 60 = 120$
$70 + 70 = 140$
$80 + 80 = 160$
$90 + 90 = 180$
$100 + 100 = 200$

$1 + 1 = 2$
$2 + 2 = 4$
$3 + 3 = 6$
$4 + 4 = 8$
$5 + 5 = 10$
$6 + 6 = 12$
$7 + 7 = 14$
$8 + 8 = 16$
$9 + 9 = 18$
$10 + 10 = 20$

135

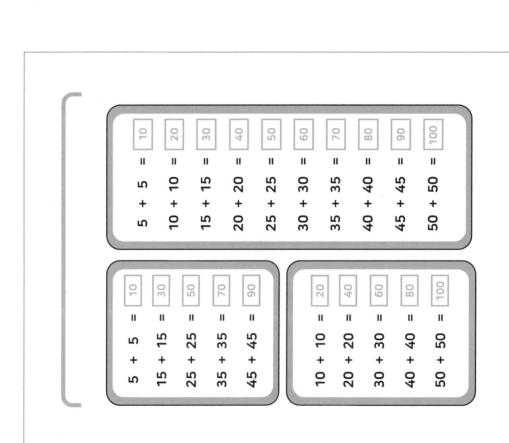